T0192765

Forschungsreihe der FH Münster

Die Fachhochschule Münster zeichnet jährlich hervorragende Abschlussarbeiten aus allen Fachbereichen der Hochschule aus. Unter dem Dach der vier Säulen Ingenieurwesen, Soziales, Gestaltung und Wirtschaft bietet die Fachhochschule Münster eine enorme Breite an fachspezifischen Arbeitsgebieten. Die in der Reihe publizierten Masterarbeiten bilden dabei die umfassende, thematische Vielfalt sowie die Expertise der Nachwuchswissenschaftler dieses Hochschulstandortes ab.

Thomas Ersepke

Eine kontaktlose Alternative für das respiratorische Gating in der PET

Entwicklung eines Doppler-Radarsensors für die Positronen-Emissions-Tomographie

 Springer Spektrum

Thomas Ersepke
Bochum, Deutschland

Forschungsreihe der FH Münster
ISBN 978-3-658-10021-6   ISBN 978-3-658-10022-3 (eBook)
DOI 10.1007/978-3-658-10022-3

Die Deutsche Nationalbibliothek verzeichnet diese Publikation in der Deutschen Nationalbi-
bliografie; detaillierte bibliografische Daten sind im Internet über http://dnb.d-nb.de abrufbar.

Springer Spektrum
© Springer Fachmedien Wiesbaden 2015

Gedruckt auf säurefreiem und chlorfrei gebleichtem Papier

Springer Fachmedien Wiesbaden ist Teil der Fachverlagsgruppe Springer Science+Business Media
(www.springer.com)

Abstract

In der Positronen-Emissions-Tomographie (PET) führen längere Aufnahmezeiten in Kombination mit der Atmung des Patienten zu einer Bewegungsunschärfe in den rekonstruierten Bilddaten. Das respiratorische Gating ist eine Methode zur Kompensation dieser Artefakte und benötigt ein Respirationssignal des Patienten. Klinisch etablierte Methoden zur Respirationsmessung in der PET bedürfen der Anbringung einer Sensorik am Patienten, welche zeitaufwendig ist. Das Continuous-Wave-Doppler-Radar-Verfahren ist eine Methode zur Bewegungsdetektion und basiert auf der Messung der Phasenverschiebung eines, an einem bewegten Ziel reflektierten, Signals. Durch Verwendung von Frequenzen im Mikrowellenbereich wird die kontaktlose Messung der Auslenkung der Körperoberfläche, während der Atmung des Patienten, bei nur geringer Abschwächung durch Textilien und Kunststoffe, ermöglicht. Ziel dieser Arbeit war die Entwicklung eines kontaktlosen CW-Doppler-Radarsensors für das respiratorische Gating in der PET. Die Entwicklung des Sensors beinhaltete die Auswahl einer geeigneten Radararchitektur sowie den Aufbau mehrerer mobiler Prototypen und die Entwicklung einer digitalen Signalverarbeitung zur Extraktion eines Respirationssignals. Im Rahmen der Validierung des Prototyps konnten hohe Messgenauigkeiten im Submillimeterbereich festgestellt werden. Während klinischer Versuche wurde der entwickelte Sensor mit dem klinisch etablierten Verfahren sowie weiteren aktuellen Methoden zur Respirationsmessung verglichen. Zwischen den Respirationssignalen des Radarsensors und denen der genannten Methoden konnten dabei hohe Korrelationen nachgewiesen werden. Zudem ermöglichte die simultane Messung mit drei Radarsensoren die Betrachtung mehrerer Körperregionen während der Atmung des Patienten. Damit bietet der entwickelte Sensor eine vielversprechende und kontaktlose Alternative für die Respirationsmessung in der PET bei problemloser Durchdringung von Textilien und Kunststoffen, ohne dass eine Vorbereitung des Patienten nötig wird.

Inhaltsverzeichnis

1. Einleitung

Die Positronen-Emissions-Tomographie (PET) spielt eine wichtige Rolle in der medizinischen Diagnostik, da das Verfahren die Darstellung von funktionellen Stoffwechselvorgängen auf molekularer Ebene erlaubt. Lange Aufnahmezeiten in Kombination mit willkürlichen und unwillkürlichen Bewegungen des Patienten führen zu einer Bewegungsunschärfe in den rekonstruierten Bilddaten und können zu einer fehlerhaften Quantifizierung von Läsionen führen.

Das respiratorische Gating ist ein Verfahren zur Kompensation dieser Bewegungsunschärfe, hervorgerufen durch die Atmung (Respiration) des Patienten. Hierfür muss ein Respirationssignal des Patienten während des Zeitraums der PET-Messung bereitgestellt werden. Klinisch etablierte Methoden zur Respirationsmessung in der Positronen-Emissions-Tomographie benötigen einen direkten Kontakt zum Patienten und bedürfen einer Vorbereitung, welche Zeit und Personal beansprucht.

Das Continuous-Wave-Doppler-Radar-Verfahren bietet eine Möglichkeit der kontaktlosen Messung der Respiration bei geringer Abschwächung der elektromagnetischen Strahlung durch Textilien und Bettdecken, sowie Kunststoffe. Damit bietet das Verfahren einen vielversprechenden Ansatz für die Bereitstellung eines Respirationssignals während einer PET-Messung.

Ziel der Arbeit ist die Entwicklung eines kontaktlosen Doppler-Radarsensors für das respiratorische Gating. Es soll dabei ein valides Respirationssignal von dem Sensor generiert werden, ohne das eine Vorbereitung des Patienten nötig ist.

Die Entwicklung des Sensors beinhaltet den Aufbau der Sensor-Hardware sowie die Entwicklung der digitalen Signalverarbeitung für die Generierung eines Respirationssignals. In den Anforderungsspezifikationen werden die geforderten Leistungen des Sensors definiert und mögliche Störeinflüsse abgeschätzt. Im Rahmen der Validierung wird der Prototyp anhand der definierten Anforderungen geprüft. Anhand von klinischen Versuchen soll das entwickelte Verfahren mit der klinisch etablierten Methode sowie weiteren, aktuellen Methoden zur Respirationsmessung, verglichen werden.

2. Grundlagen

2.1 Respiratorisches Gating in der Positronen-Emissions-Tomographie

2.1.1 Positronen-Emissions-Tomographie

Die Positronen-Emissions-Tomographie (PET) ist ein bildgebendes Verfahren in der Nuklearmedizin, bei der Stoffwechselvorgänge in einem Organismus dargestellt werden. Anders als in Verfahren wie der Computertomographie (CT) und Magnetresonanztomographie (MRT) werden hier keine anatomischen Eigenschaften sichtbar gemacht.

Das zu Grunde liegende Prinzip basiert auf der Darstellung von Stoffwechselvorgängen mit Hilfe einer radioaktiv-markierten Substanz (Tracer). Das Tracer-Prinzip wurde erstmals von George de Hevesy im Jahre 1923 veröffentlicht [1]. Hierbei wird ein Radioisotop mit einem biologisch aktiven Trägermolekül (zum Beispiel Glucose) gekoppelt, welches an einem Stoffwechselvorgang in einem Organismus teilnimmt. Dabei unterliegt das Radioisotop einem ß$^+$-Zerfall. Während des ß$^+$-Zerfalls des Radioisotops X (mit der Ordnungszahl Z und Massenzahl A) wird ein Proton, unter Emission eines Positrons (ß$^+$) und eines Neutrinos (ν) in ein Neutron umgewandelt.

$$^A_Z X \rightarrow \ _{Z-1}^{A}Y + ß^+ + ν \qquad (2.1)$$

Durch Kollision des emittierten Positrons mit dem Elektron eines naheliegenden Atoms kommt es zur Annihilation. Hierbei werden beide Teilchen vernichtet und zwei Gamma-Photonen mit einer Energie von 511 keV (Kiloelektronenvolt) unter einem mittleren Winkel von 180° ausgesendet [2]. Der Vorgang der Annihilation und die Emission zweier 511-keV-Photonen ist in Abbildung 1 dargestellt.

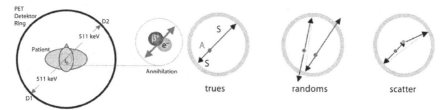

Abbildung 1: Prinzip des ß$^+$- Zerfalls unter Emission zweier 511 keV Photonen [3]

Abbildung 2: Detektierte Koinzidenzen im PET-Detektorring. („trues" = wahre, „randoms" = zufällige, „scatter" = gestreute Koinzidenzen) [3]

PET-Scanner bestehen im Wesentlichen aus einem fahrbaren Patiententisch und einem Detektorring aus mehreren, einzelnen Szintillationskristallen zur Detektion der 511-keV-Photonen. Hier werden die hochenergetischen Photonen in sichtbares Licht umgewandelt und durch Photodetektoren aufgenommen.

Werden zwei 511-keV-Photonen von zwei Detektorelementen in einem gewissen Zeitfenster detektiert (Abbildung 1, D1, D2), so wird dieses als sogenanntes Koinzidenzereignis registriert und es wird auf einen ß$^+$-Zerfall auf der Linie zwischen den beiden Detektorelementen (line of response, LOR) zurückgeschlossen. Die Abbildung 2 zeigt die unterschiedlichen Entstehungsarten der Koinzidenzen. Neben der Detektion von wahren Koinzidenzen (Abbildung 2, „Trues") kann durch die zufällige Detektion von zwei zeitnahen Zerfällen („Randoms") auf eine falsche LOR geschlossen werden. Zusätzlich wird eine LOR falsch bestimmt, falls eines der Gamma-Photonen nach der Annihilation mindestens einmal gestreut wird. Diese falschen Koinzidenzen tragen nicht zur Bildqualität bei und bedürfen einer Korrektur in der weiteren Bildverarbeitung.

In Regionen im Organismus mit einer hohen Traceraufnahme, wie zum Beispiel Tumorgewebe bei onkologischen PET-Untersuchungen, findet eine erhöhte Anzahl an ß$^+$-Zerfällen statt. Hier wird eine erhöhte Anzahl an LOR gemessen. Durch die Rekonstruktion der LOR entstehen 3-dimensionale Bilddaten der Tracerverteilung im Organismus. Dabei wird der Kontrast der PET-Bilder durch die unterschiedlich hohe Traceraufnahme in den verschiedenen Regionen realisiert.

Durch eine relativ niedrige Zerfallsrate der in der PET eingesetzten Tracer, wie zum Beispiel [^{18}F]-Flourodesoxyglucose ([^{18}F]FDG), werden längere Aufnahmezeiten (2-5 Minuten pro Aufnahme und Bettposition [4]) benötigt um eine ausreichend gute Statistik der Koinzidenzereignisse zu erhalten.

2.1.2 Konzept des respiratorischen Gatings

Während längere Aufnahmezeiten in der PET-Bildgebung nötig sind, unterliegen Patienten zwangsweise mehreren Formen von unwillkürlichen Bewegungen im Rahmen einer PET-Messung. Einen Hauptanteil stellen Organbewegungen aufgrund der natürlichen Atmung (Respiration) des Patienten dar. Zusätzlich führen die Bewegung des Myokards und nicht-respiratorische Bewegungen wie Muskelrelaxationen zu einer gemischten Form von nicht kontrollierbaren Bewegungen während eines Scans.

Tumore, die sich in stark bewegten Regionen wie der Lunge befinden, unterliegen ebenfalls dieser Bewegung und können vereinfacht als bewegte Punktquellen angesehen werden. Als Folge entsteht ein gewisses Maß an Bewegungsunschärfe in den rekonstruierten PET Bilddaten. Solche Bewegungsartefakte können zur fehlerhaften Quantifizierung von Läsionen anhand von PET-Daten führen und bedürfen aus diesem Grund einer Korrektur [5].

Das respiratorische Gating ist eine klinisch etablierte Methode zur Reduzierung von respiratorischen Artefakten. Ziel ist es, die Bilddaten in mehrere Phasen, sogenannte Gates, einzuteilen. Die Bilddaten werden mit Bezug zu dem momentanen respiratorischen Status in ein jeweiliges Gate sortiert [6]. Jedes einzelne Gate enthält dabei Bilddaten mit einem reduzierten Ausmaß an Bewegung und somit einer reduzierten Unschärfe in den rekonstruierten Bildern. Gleichzeitig enthalten die einzelnen Gates lediglich einen Bruchteil der aufgenommen Bildinformation und somit eine schlechtere Bildstatistik und ein erhöhtes Signal-zu-Rausch-Verhältnis (signal-to-noise ratio, SNR). Für die Sortierung der Bilddaten in die einzelnen Gates bedarf es einer Messgröße für den jeweiligen respiratorischen Status. Unterschiedliche Messmethoden zur Aufnahme eines validen respiratorischen Signals werden in dem folgenden Abschnitt 2.1.3 vorgestellt.

Die verschiedenen Verfahren zur Einteilung der Bilddaten in separate Gates können im Allgemeinen in zeit-basierte und amplituden-basierte Verfahren eingeteilt werden. Die Abbildung 3 veranschaulicht die zwei grundlegenden Verfahren des respiratorischen Gatings.

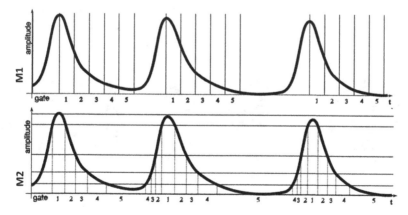

Abbildung 3: Verfahren für das respiratorische Gating. Oben: Zeit-basiertes Gating. Unten: Amplituden-basiertes Gating *[6]*

Zeit-basierte Gating Methoden teilen die Daten anhand der zeitlichen Phasen jedes Atemzyklus ein. Die Tiefe der Einatmung und Ausatmung wird hier nicht berücksichtigt.

So besteht die Möglichkeit, dass mit dieser Methode Atemphasen gleicher zeitlicher Abfolge, aber unterschiedlichem respiratorischen Niveau zusammengefasst werden. Dawood et al. [6] konnten zeigen, dass amplituden-basierte Methoden demgegenüber Vorteile besitzen.

Hier werden die Gates anhand der Amplitude des Atemsignals eingeteilt. Dabei werden Daten mit gleicher Amplitude des respiratorischen Signals jeweils zusammengefasst. Eine Spezialform bildet hier das amplituden-basierte Gating mit variablen Gates (Abbildung 3, M2), welche die respiratorische Bewegung im Vergleich am besten erfasst [6]. Zur Erstellung der Gates wird ein Histogramm über alle Amplitudenwerte des Atemsignals erstellt und in n gleich große Integrale geteilt. Die Grenzen der Integrale bilden gleichzeitig die Amplitudenschwellwerte für die Einteilung der Gates. Somit wird sichergestellt, dass alle Gates eine vergleichbare Statistik und ein konstantes SNR besitzen.

Dawood et al. stellten darüber hinaus fest, dass eine Anzahl von $n = 8$ Gates ein optimales Verhältnis von genau erfasster Bewegung zu ausreichender Statistik der einzelnen Gates bietet [7].

Während das respiratorische Gating die Bilddaten in n Gates mit reduziertem Signal-zu-Rausch Verhältnis unterteilt, befasst sich die Bewegungskorrektur mit der Fusion aller sortierten Gates in ein Ziel Gate. Fortgeschrittene Algorithmen [8] dienen hier zur Aufnahme der Daten der einzelnen Gates und erlauben die Deformation aller Daten zu einem Ziel-Gate, welches die Vorteile des ursprünglichen SNR bei einer reduzierten Bewegung vereinigt.

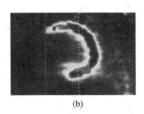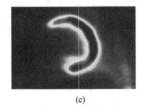

(a)   (b)   (c)

Abbildung 4: Vergleich der rekonstruierten PET-Bilddaten. a.) Datensatz ohne Korrektur, b.) Bilddaten eines einzelnen Gates, c.) Bilddaten nach Bewegungskorrektur [8]

Die Abbildung 4 zeigt einen Vergleich der PET-Bilddaten eines Myokardiums mit und ohne Korrekturmaßnahmen. Während in Abbildung 4.a die unkorrigierten PET-Bilddaten eine hohe Bewegungsunschärfe aufweisen, zeigt Abbildung 4.b die Daten eines einzelnen Gates mit reduzierter Unschärfe, aber schlechterem SNR. In Abbildung 4.c vereinen die Bilddaten nach der Bewegungskorrektur eine reduzierte Unschärfe mit einem guten SNR. Voraussetzung für das erfolgreiche respiratorische Gating und die Bewegungskorrektur ist die Erfassung eines validen respiratorischen Signals während der PET-Messung.

2.1.3 Methoden zur Respirationsmessung in der Positronen-Emissions-Tomographie

Ziel der Respirationsmessung in der Positronen-Emissions-Tomographie ist es die, durch die Atmung induzierte, Bewegung einer Läsion abzuschätzen. Die Methoden zur Respirationsmessung lassen sich im Allgemeinen dadurch unterscheiden, ob ein intrinsisches Signal, also die Bewegung der Läsion selbst, oder ein externes Atemsignal gemessen wird. Ein typisches Respirationssignal, wie es von intrinsischen oder externen Methoden aufgenommen wird, ist in Abbildung 5 dargestellt.

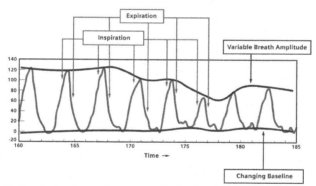

Abbildung 5: Respirationskurve. Atmungsamplitude über Zeit. Rote Phasen (dunkelgrau) = Inspiration, blaue Phasen (hellgrau)= Expiration, Baseline = expiratorisches Niveau [9]

Für externe Methoden muss die Annahme gelten, dass eine hohe Korrelation zwischen der Bewegung der Läsion und dem extern gemessenen Signal besteht.

Die Bewegungsrichtung und der Bewegungsumfang von Läsionen während der Atmung können von Patient zu Patient sowie zwischen mehreren PET-Messungen eines Patienten und während einer einzelnen PET-Messung individuelle Unterschiede aufweisen [9].

Auch wenn die Atembewegungen nicht strikt parametrisierbar sind, wurden hohe Korrelationen zwischen Bewegungen von verschiedenen Körperregionen während der Atmung festgestellt. So konnten Ionascu et al. [10] hohe Korrelationen zwischen der Bewegung eines implantierten Markers nahe einer Lungenläsion und einem externen Atemsignal, gemessen am Bauch des Patienten, präsentieren. Die Korrelation zwischen dem Markersignal in Superior-Inferior-Richtung (S-I-Richtung) und dem externen Bauchsignal in Anterior-Posterior-Richtung (A-P-Richtung) lagen hier bei r> 0,9. Die Korrelationen zwischen der A-P-Richtung des Markersignals und der A-P-Richtung des Bauchsignals betrugen r> 0.75, wiesen jedoch einen höheren Phasenunterschied von durchschnittlich 200 ms auf. Die Bewegung von Organen im Abdominalbereich wurde in einer 4D-CT Studie von Brandner et al. [11] charakterisiert. Neben einer dominierenden Bewegung der Organe in S-I-Richtung (durchschnittliche Auslenkung= 11-13 mm) konnte auch eine starke Bewegung in A-P-Richtung (durchschnittliche Auslenkung= 4-6 mm) festgestellt werden.

Klinisch angewendete Methoden zur Respirationsmessung basieren auf der externen Messung eines Respirationssignals und werden mit der hohen Korrelation zu intrinsischen Bewegungen begründet.

Die klinische Standardmethode zur Respirationsmessung, welche in Kombination mit etablierten PET Scannern eingesetzt werden, ist ein Atemgürtel des Unternehmens Anzai Medical (Tokyo, Japan) [12]. Der Gürtel wird dabei vor der Messung um die Taille des Patienten gelegt. Während der Einatmung wird der Gürtel gedehnt. Ein Drucksensor in einer Tasche des Gürtels detektiert die Dehnung des Gürtels durch die Expansion des Körpers während der Atmung und wandelt diese in ein Spannungssignal um. Das Atemsignal wird hierbei in A-P-Richtung im Abdominalbereich aufgenommen und konnte eine hohe Korrelation zur Lungenbewegung in S-I-Richtung nachweisen [10]. Im klinischen Alltag bedarf der Einsatz des Gürtels eine Vorbereitung des Patienten durch das Klinikpersonal, welche arbeits – und zeitaufwendig ist.

Eine weitere, klinisch genutzte Methode stellt das Realtime-Positioning-System (RPM) des Unternehmens Varian Medical Systems (Palo Alto, USA) [13] dar. Dabei wird ein Gürtel mit einem Infrarotmarker an den Bauch des Patienten befestigt.

Eine Infrarotkamera außerhalb des Scanners nimmt die Markerbewegungen in A-P-Richtung auf und generiert ein Atemsignal. Gute Korrelationen konnten zwischen dem RPM-Signal und der Bewegung des Diaphragmas festgestellt werden [14]. Auch diese Methode benötigt eine Präparation des Patienten.

Eine Respirationsmessung ohne Präparation des Patienten stellt eine videobasierte Methode von Noonan et al. dar [15]. Dabei wird die 3D-Kamera Kinect (Microsoft Corporation) außerhalb des Scanners angebracht. Mit Hilfe der Tiefeninformation der Kamera können verschiedene Bereiche der Körperoberfläche des Patienten frei gewählt und Bewegungen in A-P-Richtung als Atemsignal extrahiert werden. Die Methode zeigt dabei eine hohe Korrelation des Atemsignals zu dem Signal des RPM-Systems, gemessen an den jeweils selben Körperregionen. Vorteile bietet die Methode in der Hinsicht, dass die Möglichkeit einer globalen Beobachtung der Körperoberfläche besteht. Für eine valide Messung wird dabei vorausgesetzt, dass der Patient mit freiem Oberkörper in dem Scanner liegt oder mit eng anliegendem Stoff bedeckt ist, da die Kamera ansonsten falsche Bewegungen der Kleidung detektiert.

Büther et al. präsentierten eine Methode, welche die Atembewegung intrinsisch erfasst, ohne eine aufwendige und traumatisierende Implantation eines Markers in die Tumorregion [16]. Dabei wird das Atemsignal direkt aus den PET-Rohdaten (Listmode-Daten) abgeleitet.

Diese Methoden soll im Folgenden als daten-getriebenes Gating (Data-Driven Gating, DDG) bezeichnet werden. Dazu werden die Listmode-Daten in Zeitintervalle von 50 ms geteilt und die Verteilung der Koinzidenzen beobachtet. Während der Atmung bewegt sich eine Tumorregion (radioaktive Quelle) in S-I-Richtung, wodurch sich die Zählrate der Koinzidenzen in derselben Richtung über die Zeit ändert. Die Bewegung des Schwerpunktes der Zählraten dient zur Generierung eines Respirationssignals. Dieses Signal zeigte dabei gute Korrelationen zu dem RPM-System [16]. Eine zusätzliche Verbesserung der Methode wurde durch die Segmentierung der Tumorregion erreicht. Hier wurde das Atemsignal lediglich aus der Schwerpunktberechnung der Tumorregion generiert. Das Verfahren bietet ein direktes Maß für die Tumorbewegung. Die Qualität des Signals ist jedoch von der Höhe der Traceraufnahme im Patienten und der Traceraufnahme des Tumors abhängig. Bei geringer Traceraufnahme wird das SNR der Atemkurve verringert, sodass das respiratorische Gating teilweise nicht mehr möglich ist. Zudem ist die Methode nicht sensitiv für Bewegungen in A-P-Richtung, die nicht mit der Atmung in S-I-Richtung korrelieren.

Ein Vorteil dieser daten-getriebenen Methode besteht darin, dass der Patient nicht zusätzlich vorbereitet werden muss.

Eine externe, hardwarebasierte Methode zur Respirationsmessung, die keine Präparation des Patienten benötigt und den Patientenkomfort während der Messung nicht einschränkt, ist nach aktuellem Stand nicht verfügbar.

2.2 Continuous-Wave-Doppler-Radar

In diesem Abschnitt soll das Verfahren des Continuous-Wave Doppler-Radars zur kontaktlosen Messung von Respiration und kardiovaskulärer Aktivität erläutert werden. Heutzutage gebräuchliche Radaranwendungen zur Bewegungsdetektion nutzen dabei häufig Sendefrequenzen im Mikrowellenbereich. Aus diesem Grund soll zunächst auf die Eigenschaften von elektromagnetischen Wellen in diesem Frequenzbereich eingegangen werden. Darauf folgt die Erläuterung des Continuous-Wave-Doppler-Verfahrens sowie eine Vorstellung aktueller Radaranwendungen vor dem Hintergrund der Messung von Respiration und kardiovaskulärer Aktivität.

2.2.1 Elektromagnetische Eigenschaften von Medien im Mikrowellenbereich

Als Mikrowellen werden elektromagnetische Wellen (EM-Wellen) in einem Frequenzbereich von 300 MHz - 300 GHz bezeichnet. Dies entspricht einer Wellenlänge $\lambda = 1\,\text{mm} - 1000\,\text{mm}$. Dieser Frequenzbereich ist ein technisch intensiv genutzter Bereich für verschiedene Anwendungen, wie der Nachrichtentechnik sowie der Distanz- und Bewegungssensorik. Insbesondere die Radartechnik nutzt dabei unterschiedliche Eigenschaften diverser Medien in diesem Frequenzbereich im Hinblick auf Reflexion und Absorption.

Die Reflexion von Mikrowellen an Grenzflächen zweier unterschiedlicher Medien wird dabei entscheidend durch die relative Permittivität ε_r eines Mediums bestimmt.

Die Permittivität ε ist ein Maß für die Durchlässigkeit eines Dielektrikums für ein äußeres elektrisches Feld [17]. Die relative Permittivität ε_r eines Mediums ergibt sich aus dem Verhältnis der absoluten Permittivität ε des Mediums zur absoluten Permittivität von Vakuum (Gl. 2.2 und 2.3).

$$\varepsilon_r = \frac{\varepsilon}{\varepsilon_0} \tag{2.2}$$

$$\varepsilon_0 = 8,86 * 10^{-12} \; F / m \tag{2.3}$$

Für die Reflexion von EM-Wellen einer einzigen Frequenz an einer Grenzfläche ergibt sich vereinfacht der Reflexionskoeffizient r in Gleichung 2.4 [17].

$$r = \frac{\sqrt{\varepsilon_1} - \sqrt{\varepsilon_2}}{\sqrt{\varepsilon_1} + \sqrt{\varepsilon_2}} \tag{2.4}$$

Die Stärke der Reflexion wird somit durch die Differenz der Permittivitäten der beiden Medien an einer Grenzfläche bestimmt. Die relative Permittivität ist frequenzabhängig, verhält sich jedoch für die meisten Medien über dem Mikrowellenbereich konstant.

Die Tabelle 1 zeigt eine Aufstellung der relativen Permittitvitäten für verschiedene Medien, die für diese Arbeit von Bedeutung sind.

Tabelle 1: Relative Permittivität im Mikrowellenbereich für verschiedene Medien [18], [19], [20]

Medium	Rel. Permittivität ε_r	Messfrequenz [GHz]
Luft	1	3
Kunststoff (ABS)	2-3,5	3
Polyester	1,4	2,4
Baumwolle	1,5	2,5
Wasser	76-78	3
Muskel	52	3
Fett	5,2	3
Haut	42	3

Im Allgemeinen nimmt die relative Permittivität mit steigendem Wassergehalt des Mediums zu. So besitzen Kunststoffe und Naturfasern eine sehr geringe relative Permittivität. Der Reflexionskoeffizient an Grenzflächen zwischen Luft und diesen Stoffen ist aus diesem Grund ebenfalls gering. Organische Gewebe besitzen aufgrund des hohen Wassergehalts hohe Permittivitäten. Der Reflexionskoeffizient ist hier höher und beträgt an der Grenzfläche Luft/Haut $r_{LH} = 0,75$ (75% Reflexion) [17].

Die Dämpfung von Mikrowellen in einem Medium ist für nicht-metallische, nicht-wasserhaltige Medien wie Kunststoffen im Wesentlichen von der Leitfähigkeit bestimmt und im Allgemeinen sehr gering [21]. Für organische Gewebe ergibt sich für die Höhe der Dämpfung eine komplexe Beziehung aus elektrischer Leitfähigkeit, Permittivität und Zellstruktur.

Dämpfung und Eindringtiefen für elektromagnetische Strahlung im Mikrowellenbereich wurden von Gabriel et al. für verschiedene, menschliche Gewebearten experimentell ermittelt. Die Abbildung 6 zeigt die Eindringtiefe von elektromagnetischer Strahlung in Muskelgewebe in Abhängigkeit von der Frequenz.

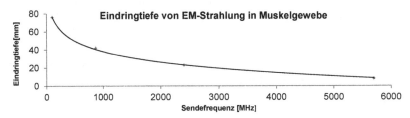

Abbildung 6: Eindringtiefe von EM-Strahlung in Muskelgewebe in Abhängigkeit der Sendefrequenz [22]

Als Eindringtiefe ist hier der Abfall der Strahlungsintensität auf $1/e$ in Relation zur Ausgangsintensität definiert. Die Dämpfung steigt hierbei mit zunehmender Frequenz stark an. Die Eindringtiefe beträgt oberhalb von 5 GHz nur noch wenige Millimeter. Die Dämpfung für Knochen– und Fettgewebe zeigt dabei ein ähnliches Verhalten, ist jedoch auf Grund des geringeren Wassergehalts der Gewebe schwächer als bei Muskelgewebe.

Zusammenfassend durchdringen elektromagnetische Wellen im Mikrowellenbereich Kunststoffe und Textilien ohne starke Dämpfung und Reflexion. Die Reflexion an der Grenzfläche zu organischem Gewebe ist dabei bedeutend höher. Die Dämpfung durch organisches Gewebes ist für die Mikrowellenstrahlung hoch und innerhalb des Mikrowellenspektrums stark frequenzabhängig.

2.2.2 Prinzip des Continuous-Wave-Doppler-Radars

Die Radar Technologie („RAdio Detection And Ranging") basiert auf dem Aussenden und Empfangen von elektromagnetischen Signalen. Durch die Reflexion der Signale an einem Zielobjekt kann Auskunft über die Entfernung, Bewegungsrichtung, Bewegungs-geschwindigkeit, Größe und Geometrie des Zielobjektes gegeben werden.

Vorteile bietet das Verfahren in Hinblick auf die Durchdringung von Objekten für EM-Strahlung im Mikrowellenbereich, die für sichtbares Licht undurchlässig sind.

Verschiedenste Radar-Architekturen spezialisieren sich auf unterschiedliche Informationen des Zielobjektes, während der Bewegungsvektor eines Objektes mit Hilfe des Continuous-Wave Verfahrens (Dauerstrichverfahren) ermittelt werden kann.

Dabei wird ein Sinussignal kontinuierlich von einer Sendeantenne (Transmitter) ausgestrahlt und das reflektierte Signal von einer Empfangsantenne (Receiver) aufgenommen. Dieses Verfahren basiert auf der Detektion der Frequenzverschiebung (Doppler-Shift), welche dem, an einem bewegten Ziel reflektierten, periodischen Signal wiederfährt.

Die Dopplerfrequenz f_D ergibt sich aus der Sendefrequenz des Signals f sowie der Geschwindigkeit des Ziels v (vgl. Gleichung 2.5).

$$f_D = \frac{2f}{c} * v(t) = \frac{2\,v(t)}{\lambda} \tag{2.5}$$

Hierbei wird eine Bewegung in Hauptstrahlrichtung des Radarmoduls vorausgesetzt. Tangentiale Bewegungen, mit Bezug zur Hauptstrahlrichtung, sind nach diesem Verfahren nicht detektierbar.

Bei einer kontaktlosen Messung von Vitalzeichen eines Patienten ist es das Ziel des Continuous-Wave-Doppler-Radars die Bewegung der Körperoberfläche, hervorgerufen durch die Atmung, zu messen. Die Gleichung 2.6 zeigt eine mittlere Geschwindigkeit der Bewegung der Brustwand, während der Atmung und die resultierende Doppler-Frequenz bei einer Sendefrequenz von 1 GHz.

$$f_D = \frac{2 * 10^9 \, 1/s}{3 * 10^8 \, m/s} * 4 * 10^{-3} \, m/s = 0{,}027 Hz \tag{2.6}$$

Das Ziel (Brustwand) wird durch eine langsame, periodische Bewegung beschrieben und resultiert in einer sehr geringen Doppler-Frequenz (Gl. 2.6).

Aus diesem Grund kann die Bewegung der Brustwand während der Atmung als quasi-stationäre Zustände ohne Nettogeschwindigkeit angesehen werden.

In diesem Fall wird die Doppler-Verschiebung besser als Phasenmodulation beschrieben (Gleichung 2.7, [23]).

$$\theta(t) = \frac{2f}{c} * 2\pi\, x(t) = \frac{4\pi\, x(t)}{\lambda} \tag{2.7}$$

Die Abbildung 7 erläutert die Phasenmodulation durch die periodische Bewegung der Brustwand während der Atmung.

Bei einem unbewegten Ziel ist der Phasenunterschied zwischen ausgesendetem und empfangenem Signal konstant und wird durch den Laufzeitunterschied beschrieben, der durch den Abstand $2*d_0$ zum Ziel entsteht.

Bei bewegtem Ziel wird der Abstand zwischen Ziel und Radar-Transmitter durch die zeitabhängige Funktion $d(t) = d_0 + x(t)$ gebildet. Der resultierende Phasenunterschied zwischen ausgesendetem und empfangenem Signal ist dabei proportional zur zeitabhängigen Auslenkung der Brustwand.

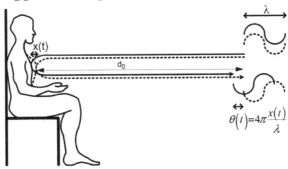

Abbildung 7: Übersicht Phasenmodulation des reflektierten Signals durch die Atembewegung. Die Phasenverschiebung des reflektierten Signals ist proportional zur zeitabhängigen, periodischen Auslenkung der Brustwand während der Atmung *[23]*

Continuous-Wave-Doppler-Radar-Architekturen nutzen einen analogen Schaltkreis um den aufmodulierten Phasenunterschied, welcher die Bewegungsinformation enthält, aus dem empfangenen Signal zu extrahieren. Die Abbildung 8 zeigt eine vereinfachte Radararchitektur eines Continuous-Wave-Doppler-Radarsensors. Ein lokaler Oszillator (Abbildung 8, LO) generiert ein Sinussignal mit einer Sendefrequenz f. Das ausgesendete Signal kann vereinfacht mit der Funktion $T(t) = \cos(2\pi f t)$ beschrieben werden.

Das Signal wird mit Hilfe eines rauscharmen Verstärkers (Abbildung 8, PA, Power Amplifier) angehoben und mit einer Sendeantenne (Abbildung 8, TX antenna) ausgestrahlt. Eine Empfangsantenne (Abbildung 8, RX antenna) detektiert das am Ziel reflektierte Signal.

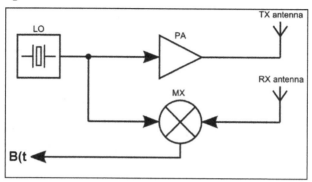

Abbildung 8: Schaltbild einer Ein-Kanal-Continuous-Wave-Doppler-Radar-Architektur mit getrennter Sende- und Empfangsantenne. Modifiziert von [24]

Durch den zeitabhängigen Abstand zu dem Ziel *d(t)* wird das empfangene Signal vereinfacht mit der Funktion *R(t)* in Gleichung 2.8 beschrieben. Die reduzierte Amplitude des empfangenen Signals wird hierbei vernachlässigt, da diese keine Bewegungsinformation enthält.

$$R(t) = \cos(2\pi f t - \frac{4\pi\, d_0}{\lambda} - \frac{4\pi\, x(t)}{\lambda}) \qquad (2.8)$$

Das Signal des Oszillators und das empfangene Signal werden an die Eingänge eines analogen Mischers Empfangsantenne (Abbildung 8, MX) geführt. Das neu entstehende Signal enthält dabei die addierten und subtrahierten Frequenzen der beiden Eingangssignale. Nach einer integrierten Filterung der addierten Frequenzen wird das Ausgangssignal durch die Funktion *B(t)* in Gleichung 2.9 beschrieben [23].

$$B(t) = \cos(\theta + \frac{4\pi\, x(t)}{\lambda}) \qquad (2.9)$$

Da die ausgesendete und empfangene Frequenz identisch sind, enthält das Ausgangssignal lediglich die Information der Phasenverschiebung der beiden Signale und nicht mehr die Sendefrequenz. Dieses Signal wird Basisbandsignal genannt und besteht analog zur Funktion *d(t)* aus einem konstanten Anteil und dem zeitabhängigen Anteil, welcher proportional zur Auslenkung des Ziels ist.

Damit wird eine lineare Bewegung $x(t)$ des Ziels durch eine Sinusfunktion $B(t)$ am Signalausgang beschrieben. Für eine genutzte Wellenlänge von 10 mm und einer Auslenkung des Ziels um 5 mm würde ein vollständiger Sinusdurchlauf als Basisbandsignal detektiert werden.

Neben CW-Doppler-Radar-Architekturen mit einem Signalausgang, bieten Quadratur Doppler-Radar-Architekturen zwei Signalausgänge, die eine Phasenlage von 90° zueinander besitzen. Zusätzlich zu dem Oszillatorsignal wird hier ein um 90° phasenverschobenes Oszillatorsignal in einen zweiten Mischer geführt und mit dem empfangenen Signal verarbeitet. Dabei wird am Ausgang zwischen dem I-Kanal (In-Phase-Signal) und dem Q-Kanal (Quadrature-Phase-Signal, 90° phasenverschoben) unterschieden. I- und Q-Kanal zusammen bieten eine Möglichkeit der Richtungsdetektion. Bei einer Änderung der Bewegungsrichtung des Ziels wechselt die Phasenlage zwischen I- und Q-Signal von +90° auf - 90°. Bleibt das Ziel unbewegt, so ist keine Phasenlage detektierbar.

2.3 Anwendungen des CW-Doppler-Radar-Verfahrens für das physiologische Monitoring

Das CW-Doppler-Radar-Verfahren bietet durch die reine Bewegungsmessung eine vielversprechende Möglichkeit für das physiologische Monitoring. Im Mittelpunkt der Vitalzeichenmessung stehen dabei die quantitative Messung der Atmung sowie die Messung der Herzfrequenz. Für die natürliche Atmung eines ausgewachsenen, ruhenden Probanden wurden durchschnittliche radiale Auslenkungen der Brust (im Bereich des Sternums) von 4 mm [25] und des Abdomens von 4-12 mm [26] ermittelt. Zusätzlich kommt es zu Vibrationen der Hautoberfläche im Bereich des Sternums durch die Kontraktion des Myokards. Eine entsprechende Auslenkung der Hautoberfläche wurde dabei mit durchschnittlich 0,6 mm bestimmt [27].

Das CW-Doppler-Verfahren nutzt den Vorteil der guten Transmission der EM-Strahlung durch Textilien und Kunststoffe und die hohe Reflexion an der Hautoberfläche, sodass die physiologische Auslenkung der Hautoberfläche zur Messung der Vitalzeichen genutzt werden kann.

Lin et al. [28] veröffentlichten 1975 einen Aufbau zur kontaktlosen Messung der Atmung bei einem Abstand von 30 cm mit Hilfe von EM-Strahlung im Mikrowellenbereich. Hierbei wurde das Verhältnis aus der Intensität der ausgesendeten und empfangenen Strahlung als Maß für die Atemamplitude verwendet.

Boric-Lubecke et al. veröffentlichten 2002 ein CW-Doppler-Radar-Verfahren, welches nach dem in Abschnitt 2.2.2 vorgestellten Prinzip mit einer Frequenz von 10 GHz arbeitet und eine einzige Antenne zum Senden und Empfangen nutzt [29]. Das aufgenommene Signal wurde im Anschluss anhand der Frequenzbereiche von Atmung und Herzschlag gefiltert, um Atem– und Herzsignal zu separieren.

Ein Patent zur kontaktlosen Überwachung der mechanischen kardiovaskulären Aktivität wurde im Jahr 2010 von der Phillips Intellectual Property and Standards GmbH veröffentlicht [30]. Hier wurde ein Doppler-Radar-System in einem tragbaren Gerät vorgestellt, das bei einer Sendefrequenz von 2,45 GHz arbeitet, damit die EM-Strahlung in das Gewebe eindringen kann. Der Doppler-Shift des an der Grenzfläche des Myokards reflektierten Signals soll hier eine mechanische Messgröße für die Herzaktivität liefern.

Im Zusammenhang mit der Hardwareintegration präsentierten Droitcour et al. [23] ein System aus Antennen, analogem Schaltkreis und Signalverarbeitung auf einem CMOS-Chip zur Detektion von Atem– und Herzfrequenz. Weiterentwicklungen befassen sich mit neuen Doppler-Radar-Architekturen zur Eliminierung von zufälligen Körperbewegungen [31] oder der Unterscheidung von Vitalzeichen mehrerer Personen [32].

Eine weitere Möglichkeit bietet die Vitalzeichenmessung von der Rückseite des Patienten. Henning et al. [33] präsentierten dabei eine Möglichkeit zur Integrierung flacher Patch-Antennen (Flächenantennen) in eine Matratze. Atem- und Herzsignal konnte hier ebenfalls extrahiert werden. Neben weitreichenden Anwendungen zur kontaktlosen Vitalzeichenmessung von verschiedenen Patientengruppen, hat das CW-Doppler-Radar-Verfahren auch im Zusammenhang mit der Triggerung von medizinischen Scannern an Bedeutung gewonnen.

Zur Anwendung in einem CT präsentierten Pfanner et al. [24] eine CW-Doppler-Radarmessung, die eine Möglichkeit zur Triggerung des CT anhand von Atem- und Herzsignal bieten soll. Dabei wurden mehrere flache Patch-Antennen direkt auf den CT-Tisch gelegt. Bei Probandenmessungen wurden Radar-Atemsignale in Rückenlage mit Atemsignalen des Anzai Gürtels und EKG-Signalen verglichen. Hierbei wurden hohe Korrelationen ($r = 0.9$) zwischen den Atemsignalen festgestellt. Die Probanden hatten dabei direkten Kontakt mit den Patchantennen. Da mit einer Sendefrequenz von 870 MHz gearbeitet wurde, gaben die Autoren an, intrinsische Organbewegungen mit Hilfe des CW-Doppler-Radar-Verfahrens detektieren zu können. Dies wurde jedoch nicht experimentell bewiesen.

Zur Anwendung eines Radar Systems in einem MR-Scanner installierten Thiel et al. [34] ein Ultra-Wideband-Radar-System (UWB Radar) innerhalb eines MR-Scanners. Für das UWB-Radar-Verfahren wird ein Puls, welcher ein breites Frequenzband enthält, in Richtung Körperoberfläche ausgesendet. Das reflektierte Signal besteht aus einer Überlagerung von Reflexionen an mehreren Grenzflächen innerhalb des Körpers. Durch eine entsprechende Signalverarbeitung können Bewegungen an verschiedenen Grenzflächen gemessen werden. So konnten Atem– und Herzsignal extrahiert werden, welche hohe Korrelationen zu den zeitgleich aufgenommenen MR-Signalen von Herz- und Atembewegung aufwiesen.

Zusammenfassend gibt es für das CW-Doppler-Radar-Verfahren, neben der allgemeinen Anwendung für die Vitalzeichenmessung, erste Versuche einer Anwendung für die Triggerung eines medizinischen Scanners.

Nach heutigem Stand ist kein CW-Doppler-Radar-System veröffentlicht, welches eine kontaktlose Messung der Atmung und der Herzfrequenz in einem PET Scanner ermöglicht. Insbesondere die Bereitstellung eines Respirationssignals, als Grundlage für das respiratorische Gating in der Positronen-Emissions-Tomographie, bildet hier einen klinischen Bedarf.

3. Ziel der Arbeit

Die zurzeit klinisch verwendeten Methoden zur Respirationsmessung für die Positronen-Emissions-Tomographie bedürfen einer Vorbereitung des Patienten, welche Zeit und Personal beansprucht. Daten-getriebene Methoden zur Respirationsmessung verzichten auf eine Vorbereitung des Patienten, sind jedoch abhängig von der Traceraufnahme und somit nicht in allen Fällen robust.

Continuous-Wave-Doppler-Radar-Module bieten eine hardware-basierte Methode zur quantitativen Respirationsmessung sowie der Messung der Herzfrequenz bei geringer Abschwächung durch Textilien oder Bettdecken. Damit stellt dieses Verfahren einen vielversprechenden Ansatz für die kontaktlose Respirationsmessung in der Positronen-Emissions-Tomographie dar, ohne das eine Präparation des Patienten durch das Klinikpersonal nötig wird.

Ziel der Arbeit ist es, einen kontaktlosen Continuous-Wave-Doppler-Radarsensor für das respiratorische Gating zu entwickeln.

In den Anforderungsspezifikationen werden die notwendigen Leistungen des Sensors sowie mögliche Risiken und Störeinflüsse definiert. Die Entwicklung des Sensors beinhaltet die Auswahl einer geeigneten Radararchitektur und einer geeigneten Sendefrequenz sowie den Aufbau mehrerer mobiler Prototypen. Es folgt die Entwicklung der digitalen Signalverarbeitung zur Extraktion der physiologischen Signale.

Während der Validierung des Sensors wird die Erfüllung der aufgestellten Anforderungen an den Sensor, mit Hilfe von Simulationen und Probandenmessungen, überprüft. Durch klinische Versuche an dem PET/CT-Scanner der nuklearmedizinischen Abteilung der Universitätsklinik Münster soll das CW-Doppler-Radar-Verfahren mit einem etablierten Verfahren zur klinischen Respirationsmessung sowie dem daten-getriebenen Verfahren und einem 3D-Kameraverfahren verglichen werden. Zum Abschluss sollen eine simultane Messung mit drei Doppler-Radarsensoren und die Respirationsmessung an einer Maus die Erfüllung der erweiterten Anforderungen an den Sensor überprüfen. Eine Diskussion und ein Ausblick schließen die Arbeit ab.

4. Anforderungsspezifikationen

Vor der Entwicklung des Doppler-Radarsensors werden die Anforderungen an den Sensor definiert. Die Anforderungen beinhalten zudem ein Maß für die Robustheit gegenüber Störeinflüssen, die die Qualität der Messmethode beeinflussen können. Diese Störeinflüsse werden in den Anforderungsspezifikationen abgeschätzt und die maximal erlaubten Auswirkungen auf das Messsignal formuliert. Während der Validierung des Prototyps in Abschnitt 5.3 soll überprüft werden, ob die aufgestellten Anforderungen eingehalten werden. Zusätzlich zu den Festanforderungen an den Sensor wird eine optionale Anforderung definiert, die eine erweiterte Funktion darstellt und nicht verpflichtend ist.

Die Hauptfunktion des Doppler-Radarsensors ist die Messung der Auslenkung der Körperoberfläche, um ein Respirationssignal zu generieren. Die durchschnittliche physiologische Auslenkung der Körperoberfläche bei Erwachsenen Probanden beträgt 4-12 mm in A-P-Richtung im Bereich des Abdomens [26]. Um auch Auslenkungen von weniger bewegten Regionen, sowie die Auslenkungen der Körperoberfläche von Kindern messen zu können wird festgelegt, dass minimale Auslenkungen von $d_{Resp}= 1$ mm noch detektierbar sein sollen. Die Messgenauigkeit für Auslenkungen in Hauptstrahlrichtung der Radarantennen soll hier $\Delta d_{Fehler}= 0,5$mm betragen und wird im Folgenden als Standardmessgenauigkeit bezeichnet. Da das Doppler-Radar Verfahren lediglich relative Auslenkungen und keinen Abstand messen kann, soll sichergestellt werden, dass gleiche Auslenkungen reproduzierbar über einen Messzeitraum gemessen werden und keine Verschiebung der Messwerte vorliegt. Die Reproduzierbarkeit der Auslenkungen soll hier mit $\delta_{Rep}= 0,05$ mm festgelegt werden.

Eine optionale Anforderung ist die Detektion von Vibrationen der Hautoberfläche, hervorgerufen durch die Herzaktivität, damit ein Herzsignal für das Gating zur Verfügung steht. Diese Auslenkungen können individuell stark variieren und wurden im Durchschnitt mit $d= 0,6$ mm [27] im Bereich des Sternums ermittelt. Mit einem Sicherheitsfaktor sollen noch geringere Auslenkungen als der durchschnittliche Wert berücksichtigt werden. Die optionale Anforderung sieht damit die Detektion von Auslenkungen $d_{Herz}= 0,1$ mm vor.

Der Doppler-Radarsensor soll die Auslenkungen von unterschiedlichen Regionen wie Abdomen oder Brustbereich selektiv messen können. Bei einer kontaktlosen Messung von einigen Zentimetern Entfernung ergibt sich die Konsequenz eines fokussierten Radarstrahls mit begrenztem Abstrahlwinkel α, damit lokale Regionen, wie Brust oder Abdomen, getrennt betrachtet werden können.

Durch die Ausbreitung des Radarstrahls werden auch Auslenkungen schräg zur Hauptstrahlrichtung detektiert. Diese sollen über den Winkelbereich α ebenfalls mit der Standardmessgenauigkeit erfasst werden.

In Abschnitt 2.2.1 ist die hohe Transmission von Kunststoffen und Textilien für EM-Wellen im Mikrowellenbereich erläutert. Dennoch muss geprüft werden, ob Kunststoffverkleidungen oder die Kleidung des Patienten einen Einfluss auf die Signalqualität darstellen. Hier gilt die Anforderung, dass die Messabweichungen bei der Durchstrahlung von Kunststoffverkleidungen und Textilien gängiger Schichtdicken sich innerhalb des Bereiches der Standardmessgenauigkeit befinden sollen.

Die Respirationsmessung soll kontaktlos und mit einigen Zentimetern Abstand zum Patienten geschehen. Durch Reflexion der Mikrowellenstrahlung an statischen Objekten und an dem Patienten, könnten Bewegungen durch fremde Personen im Umfeld der Messung zu Störeinflüssen führen. Für eine Respirationsmessung innerhalb eines medizinischen Scanners soll sichergestellt werden, dass Bewegungen des Klinikpersonals an dem Patientenport des Scanners nicht zu einer qualitativen Veränderung des Respirationssignals führen, sodass das respiratorische Gating von dieser Störung beeinflusst wird.

Da das Doppler-Radar-Verfahren auf das Aussenden und dem Empfang von EM-Strahlung im Mikrowellenbereich basiert, können andere Funkanwendungen, die in diesem Frequenzband arbeiten, ebenfalls zu Störeinflüssen führen. Auch hier soll sichergestellt werden, dass die Einflüsse nicht zu einem Abbruch der Messung oder einer Beeinflussung des Signals in Hinblick auf das Gating führen.

Tabelle 2: Übersicht der Anforderungsspezifikationen des Doppler-Radarsensors

Festanforderungen an den Doppler-Radarsensor:	Parameter:
Messung der Auslenkungen der Körperoberfläche	Hohe Empfindlichkeit des Sensors, sodass Auslenkungen mit d_{Resp}= 1mm noch detektierbar sind Messgenauigkeit Δd_{Fehler} < 0,5 mm Reproduzierbarkeit δ_{Resp}= 0,05 mm
Möglichkeit der Respirationsmessung für lokale Regionen auf der Körperoberfläche	Begrenzter Abstrahlwinkel α Messgenauigkeit Δd_{Fehler} < 0,5 mm für den gesamten Winkelbereich α
Die Signalqualität soll durch Textilien und Kunststoffe nicht wesentlich beeinflusst werden	Messgenauigkeit Δd_{Fehler}< 0,5 mm für gängige Schichtdicken von Kunststoffverkleidungen und Textilien am Patienten
Die Signalqualität soll durch Bewegungen im Umfeld des Patienten nicht wesentlich beeinflusst werden	Keine Beeinflussung des Signals in Hinblick auf das Ergebnis des Gatings
Die Signalqualität soll durch Interferenzen mit anderen Funkbändern nicht wesentlich beeinflusst werden	Keine Beeinflussung des Signals in Hinblick auf das Ergebnis des Gatings

Optionale Anforderungen an den Doppler-Radarsensor:	Parameter:
Möglichkeit zur Extraktion eines Herzsignals	Auslenkungen mit d_{Herz}= 0,1 mm detektierbar

5. Methoden

5.1 Entwicklung eines Prototyps

5.1.1 Auswahl des Doppler-Radar-Moduls

Die Hauptfunktionseinheit des CW-Doppler-Radarsensors bildet das Radarmodul, das nach dem Doppler-Prinzip arbeitet. Für diese Arbeit ist die Anschaffung eines kommerziell erhältlichen Radarmoduls vorgesehen. Ein eigenständiger Aufbau mit entsprechenden Komponenten wäre zeit– und kostenintensiv und würde dabei keine Vorteile in der aufgenommenen Signalqualität bieten. CW-Doppler-Radarmodule werden seit längerer Zeit für verschiedene Applikationen, wie der Bewegungssensorik im Automotiv-Bereich sowie für automatische Türöffner eingesetzt und sind als Low-Cost-Variante erhältlich.

Für die Auswahl des Radarmoduls müssen einige Anforderungen an den späteren Prototyp beachtet werden. In Hinblick auf den Einbau beziehungsweise die Anbringung des Sensors in einen medizinischen Scanner muss der Abstand zu dem Patienten flexibel wählbar sein. Das Continuous-Wave-Verfahren bietet hier den Vorteil, unabhängig von der Distanz zu dem reflektierenden Ziel arbeiten zu können. Zudem muss die Bewegungsrichtung des Ziels detektierbar sein, um zwischen Inspiration und Exspiration unterscheiden zu können. In diesem Fall ist ein Stereo-Radarmodul mit einem Inphase-Kanal und einem Quadraturephase-Kanal notwendig (vgl. Abschnitt 2.2.2). Für den Einbau in ein Gehäuse und die Anbringung in einem medizinischen Scanner soll das Radarmodul möglichst kompakte Abmessungen besitzen. Im Allgemeinen nimmt für Patch-Antennen die Antennenfläche mit der Wellenlänge zu. So besitzen Antennen mit Sendefrequenzen unter 1 GHz eine Seitenlänge von mehreren Zentimetern [35], während 24-GHz-Antennen Seitenlängen von wenigen Millimetern besitzen. Außerdem bietet die planare Anordnung von mehreren kleinen Flächenantennen die Möglichkeit der Fokussierung des Antennenstrahls. Ein hoch fokussierender Strahl wird benötigt, damit die Bewegung von lokalen Regionen der Körperoberfläche gemessen werden können. Außerdem bietet die Fokussierung den Vorteil, dass eventuelle Störeinflüsse wie die Bewegungen von Personen im Umfeld der Messung, verringert werden. Höhere Sendefrequenzen bieten hier eine höhere Fokussierung bei gleichem Antennenlayout.

Tabelle 3: Anforderungen an das Radarmodul

Anforderungen an das Radarmodul:	Parameter:
Flexibler Einbau des Sensors in Hinblick auf den Abstand zum dem Patienten	CW-Doppler-Verfahren
Erfassung der Bewegungsrichtung Unterscheidung zwischen Inspiration und Exspiration	Inphase- und Quadraturephase-Kanal zur Detektion der Phasenlage
Kompakte Bauweise für den Einbau in ein Gehäuse und die Anbringung in den medizinischen Scanner	Kleine Antennenfläche, Sendefrequenzen > 5 GHz
Begrenzung des Fokusbereichs auf der Körperoberfläche des Patienten	Planare Anordnung mehrerer Antennen, Sendefrequenzen > 5 GHz

Die Tabelle 3 fasst die Anforderungen an das Radarmodul zusammen. Als Konsequenz aus den Anforderungen an das Radarmodul wird ein Stereo-Low-Cost-Radar-Transceiver des Unternehmens InnoSent GmbH [36] erworben. Dieser arbeitet bei einer Sendefrequenz zwischen 24 – 24,25 GHz.

Dieses Frequenzband wird als ISM-Band (Industrial, Scientific, Medical) [37] bezeichnet und ist für Anwendungen zur Bewegungsdetektion freigegeben. Die verwendete Wellenlänge ergibt sich zu λ_{IPS}= 12,4 mm. Das Modul bietet eine I- und Q-Kanal zur Richtungsdetektion und eine Strahlausbreitung von α_H= 80° (3dB Abschwächung) in horizontaler Richtung und α_V= 32° in vertikaler Richtung. Die Abbildung 9 und Abbildung 10 zeigen das Radarmodul IPS-265 als Fotografie und technische Zeichnung. Das Antennendiagramm und das Datenblatt des Moduls befinden sich in Anhang A.1.

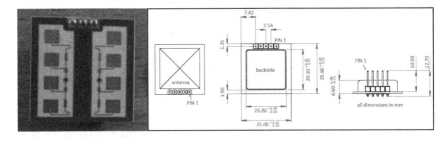

Abbildung 9: IPS-265 Stereo Low Cost Radar Transceiver. Linke Spalte = Sendeantennen, Rechte Spalte= Empfangsantennen [36]

Abbildung 10: Abmessungen des Transceivers IPS-265 [36]

5.1.2 Aufbau einer Verstärkerschaltung

Das Radarmodul IPS-265 bietet zwei analoge Ausgänge (I- und Q-Kanal), welche per Datenaufnahmegerät in ein digitales Signal gewandelt werden müssen. Dabei wird das Radarmodul mit einer Versorgungsspannung von +5 V betrieben. Bei einem bewegten Ziel mit konstanter Geschwindigkeit liegt eine sinusförmige Spannung an den beiden Ausgängen des Radarmoduls an. Die Amplituden der Signale betragen bei einem Ziel in 30 cm Abstand maximal 10 mV. Die Spannung liegt dabei in dem Bereich der Spannungsauflösung herkömmlicher Analog-Digital-Wandler und muss deshalb verstärkt werden. Dafür wird eine Verstärkerschaltung, nach dem Prinzip des Nicht-invertierenden Verstärkers [38] für die beiden Kanäle genutzt. Die Abbildung 11 zeigt das Schaltbild der verwendeten Verstärkerschaltung.

Bei einem langsam bewegten Ziel, wie zum Beispiel die Brustwand während der Atmung, entstehen Sinussignale mit sehr niedrigen Frequenzen bis hin zur Gleichspannung. Der Vorteil des Nicht-invertierenden Verstärkers ist die gleichmäßige Verstärkung von Gleichspannungs- und Wechselspannungsanteilen.

Rauschanteile, die dadurch ebenfalls verstärkt werden, können im Zuge der digitalen Signalverarbeitung im weiteren Verlauf gefiltert werden. Der Verstärkungsfaktor V_U ist dabei von den Widerständen R1 und R2 abhängig.

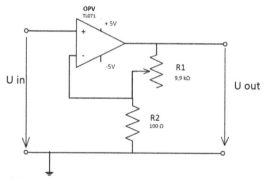

Abbildung 11: Schaltplan der verwendeten Verstärkerschaltung. Nicht-invertierender Verstärker. OPV= Operationsverstärker, U_{in} =Eingangsspannung, U_{out}= Ausgangsspannung

Es wird ein Verstärkungsfaktor V_U= 100 gewählt, damit die Signale eine ausreichend große Amplitude für die Analog-Digital Wandlung besitzen, jedoch noch innerhalb des Spannungsbereiches von ±5V der Versorgungsspannung des Verstärkers liegen.

Die Gleichungen 4.1 bis 4.3 zeigt die Berechnung der Widerstände anhand des Verstärkungsfaktors.

$$V_U = \frac{U_{out}}{U_{in}} = 100 = 1 + \frac{R1}{R2} \tag{4.1}$$

$$R1 = 9,9 \text{ k}\Omega \tag{4.2}$$

$$R2 = 100 \text{ }\Omega \tag{4.3}$$

Der Widerstand R1 wird dabei durch einen einstellbaren Trimmer mit 10 kΩ realisiert. Dadurch können Widerstand und Verstärkungsfaktor variabel eingestellt werden. Da I- und Q-Kanal produktionsbedingt leichte Abweichungen in der Signalamplitude bei gleich bewegtem Ziel vorweisen, können die beiden Kanäle dadurch fein auf eine gleiche Amplitude abgestimmt werden.

5.1.3 Auslegung des Radoms

Um die Antennen des Radarmoduls vor Umwelteinflüssen wie Schmutz und Feuchtigkeit zu schützen, wird ein Radom (Antennenabdeckung) benötigt. Hierzu werden das Radarmodul und die Verstärkerschaltung in ein Gehäuse eingebaut. Kunststoffe eignen sich aufgrund ihrer geringen relativen Permittivität und der hohen Transmission für Mikrowellen (Abschnitt 2.2.1) für diesen Zweck entsprechend gut.

Dennoch bietet ein Kunststoffradom in geringem Abstand zur Antennenoberfläche eine Reflexionsquelle. Für eine Minimierung der Reflexion ist ein optimaler Abstand der Antennenoberfläche zur Radominnenseite in Gleichung 4.4 angegeben [21].

$$d_{opt} = \frac{\lambda}{2} = \frac{c}{2f} \tag{4.4}$$

Bei einer mittleren Sendefrequenz von 24,125 GHz ergibt sich daraus ein Abstand d_{Lit}= 6,2 mm. Zudem ist auf einen parallelen Einbau von Antennenoberfläche und Radom zu achten, da ein schräger Einbau oder Unebenheiten in der Radomoberfläche zu Interferenzen von ausgesendeten und empfangenen Wellen führen können. Es wird ein Standardgehäuse aus dem Kunststoff ABS (Acrylnitril-Butadien-Styrol) für den Einbau des Radarmoduls verwendet. Die Abbildung 12 und Abbildung 13 zeigen den aufgebauten Sensor mit und ohne Radom. Die Gehäusestärke beträgt dabei d_{st}= 2mm.

Abbildung 12: Fotografie des Doppler-Radarsensors ohne Radom

Abbildung 13: Fotografie des Doppler-Radarsensors mit Radom

Zur Kontrolle des Literaturwertes wird für das ausgewählte Gehäuse eine Messreihe zur Ermittlung des optimalen Gehäuseabstandes aufgenommen. Dafür wird ein Radarziel mit festem Abstand zu der Antennenoberfläche aufgebaut und mit immer gleicher Auslenkung vor- und zurückbewegt. Die Amplitude am Signalausgang des Radarmoduls wird hier als Referenzwert benutzt. Zudem wird das Gehäuse zwischen Antennenoberfläche und Ziel mit variablen Abständen zur Antennenoberfläche angeordnet. Das Verhältnis von gemessenen Amplituden zu dem Referenzwert wird in Abhängigkeit von der Entfernung zur Antennenfläche aufgetragen und ist in Abbildung A.1.3 des Anhangs zu sehen.

Die maximale Amplitude wird hier bei einer Distanz von 7 mm zur Antennenfläche gemessen. Dabei ist die gemessene Amplitude höher als die Amplitude des Referenzwertes. Eine Erklärung dafür können Reflexionen an den Seitenflächen des Gehäuses darstellen. Der Abstand $d_{Aufbau} = 7\,mm$ wird gewählt, um eine minimale Reflexion an dem Radom und eine maximale Signalamplitude zu erhalten.

5.2 Signalverarbeitung

Das Radarmodul IPS-265 bietet zwei Kanäle zu Unterscheidung der Bewegungsrichtung. Die Signale beschreiben die Bewegung des Ziels dabei nicht quantitativ. Die Hauptaufgabe der Entwicklung des Doppler-Radarsensors für das respiratorische Gating besteht in der Verarbeitung der Rohsignale, sodass ein quantitatives, valides Respirationssignal für das respiratorische Gating zur Verfügung steht. Die folgenden Abschnitte erläutern die Algorithmen zur Signalverarbeitung.

Vor der digitalen Signalverarbeitung müssen die anlogen, verstärkten Ausgangssignale des Radarmoduls aufgenommen werden. Dazu wird ein Datenerfassungsmodul des Unternehmens National Instruments [39] verwendet. Die Programmierumgebung LabVIEW [40] dient dabei zur Ansteuerung des Datenerfassungsmoduls und zur Speicherung der Sensordaten.

In Anhang A.1.4 befinden sich die Spezifikationen zur Datenaufnahme mit Hilfe des Datenerfassungsmoduls. Die LabVIEW-Software, die für die Datenaufnahme entwickelt wurde, ist in Anhang A.2.2 gezeigt.

5.2.1 Demodulation des Signals

Das Continuous-Wave-Doppler-Verfahren beschreibt die lineare Funktion der Bewegung eines Radarziels, wie der Körperoberfläche, in Form einer Sinusfunktion im Basisband (vgl. Gleichung 2.9). Die Aufgabe der digitalen Signalverarbeitung ist die Demodulation des Basisbandsignals in die Funktion für die Bewegung des Radarziels *x(t)*.

Die Abbildung 14 zeigt die Bewegung des Radarziels *x(t)* und das entsprechende Basisbandsignal des Radarmoduls. Hier ist zur Vereinfachung nur der I-Kanal dargestellt.

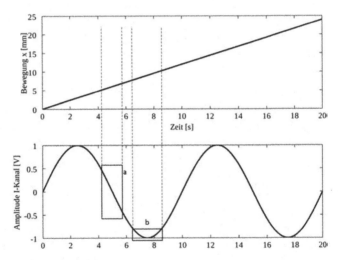

Abbildung 14: Zusammenhang zwischen der Bewegung des Radarziels und dem Basisbandsignal des Doppler-Radarsensors. a = Optimalfall, b = Nullpunkt. MATLAB Simulation

Ein Ansatz zur Herstellung der ursprünglichen Bewegung (Abbildung 14, oben) aus dem Basisbandsignal (Abbildung 14, unten) ist die lineare Demodulation. Diese funktioniert nach dem Prinzip der Kleinwinkelannäherung. Hier gilt für einen eingeschränkten Bereich des Basisbandsignals (Abbildung 14, a) die Vereinfachung *sin(x)≈x*.

Dadurch kann ein lineares Verhältnis zu der Bewegungsfunktion x(t) hergestellt werden, um die Bewegungsrichtung zu detektieren und die Bewegung quantitativ zu erfassen. Dieses ist ein häufig verwendetes Verfahren zu Demodulation([24], [41]), setzt jedoch voraus, dass $x(t) \ll \lambda$.

Das verwendete Radarmodul arbeitet bei einer Wellenlänge von $\lambda = 12{,}4$ mm (vgl. Abschnitt 5.1.1). Im Abschnitt 2.1.3 sind durchschnittliche Werte für Auslenkungen $x(t)$ während der Atmung aufgeführt. Diese können sich ebenfalls in dem Bereich von 12 mm befinden. Die Voraussetzung für eine Kleinwinkelannäherung ist damit nicht gegeben. Durch diese großen Auslenkungen kann es zu dem Fall der Nulldetektion kommen (Abbildung 14, b). In diesem Fall ist die Bewegungsrichtung nicht mehr zu detektieren und die Bewegungsfunktion ist nicht mehr quantifizierbar. Die lineare Demodulation ist dabei nur für kleinere Sendefrequenzen unterhalb von 2,4 GHz anwendbar und auch hier muss sichergestellt werden, dass bei einem zufälligen Abstand nicht der Nullpunkt detektiert wird.

Das Verfahren der nicht-linearen Demodulation übergeht das Problem der Nulldetektion, indem die Phaseninformationen aus I- und Q-Kanal genutzt werden.

Die Gleichungen 4.4 und 4.5 zeigen die Funktionen der Basisbandsignale für I- und Q-Kanal bei linear bewegtem Ziel.

$$B_I(t) = \cos(\theta + \frac{4\pi \, x(t)}{\lambda}) \tag{4.4}$$

$$B_Q(t) = \sin(\theta + \frac{4\pi \, x(t)}{\lambda}) \tag{4.5}$$

Die Abbildung 15 zeigt die Bewegungsfunktion $x(t)$ und die Signale $B_I(t)$ und $B_Q(t)$. Bei gleichbleibender positiver Bewegung eilt $B_Q(t)$ 90° nach. Bleibt die Auslenkung konstant, so ist auch die Phasenlage konstant. Bei Umkehrung der Bewegungsrichtung ändert sich die Phasenlage und $B_Q(t)$ eilt 90° vor. Die Phasenlage wird genutzt, indem der Arkustangens des Verhältnisses von Q zu I berechnet wird. Damit ergibt sich die Funktion $\phi(t)$ in Gleichung 4.6 [42]. Aufgrund der Quotientenbildung muss vorher sichergestellt werden, dass die Signale $B_Q(t)$ und $B_I(t)$ gleiche Amplituden besitzen (vgl. Abschnitt 5.1.2).

$$\phi(t) = \arctan(\frac{B_Q(t)}{B_I(t)}) = \frac{4\pi \, x(t)}{\lambda} + \theta \tag{4.6}$$

Die Funktion $\phi(t)$ ist eine reelle, unstetige Funktion innerhalb der Grenzen $[-\pi, \pi]$ (Abbildung 15), die durch Unstetigkeiten von 2π gekennzeichnet ist.

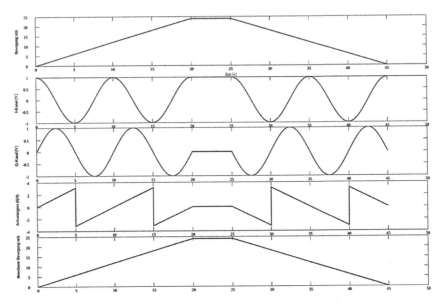

Abbildung 15: Verfahren der nicht-linearen Demodulation. Von Oben: Bewegungsfunktion des Radarziels, I-Kanal, Q-Kanal, Arkustangens(Q/I), Berechnete Bewegungsfunktion x(t) nach Unwrapping und Skalierung der Arkustangensfunktion. MATLAB Simulation

Um die Bewegungsfunktion zu gewinnen, müssen Unstetigkeiten von 2π detektiert werden und die Werte der Funktion an diesen Stellen zusammengefügt werden. Dieses wird in der Signalverarbeitung durch das Unwrapping realisiert.

Die entstandene Funktion wird mit dem Faktor $\lambda/4\pi$ skaliert, um damit die ursprüngliche Bewegungsfunktion $x(t)$ wiederherzustellen. Die nicht-lineare Demodulation generiert somit ein quantitatives Respirationssignal, welches für das respiratorische Gating genutzt werden kann. Das Verfahren ist dabei nicht empfindlich gegenüber einer Nullpunktdetektion und kann insbesondere für hohe Sendefrequenzen eingesetzt werden.

5.2.2 DC-Offset-Kompensation

An den analogen Ausgängen des Radarmoduls liegen Gleichspannungsoffsets (DC-Offsets) vor, die zwischen den beiden Kanälen und bei verschiedenen Radarmodulen unterschiedliche Vorzeichen und Beträge besitzen können.

Gründe können fertigungstechnische Unterschiede innerhalb der Radarmodulelektronik sowie Reflexionen an statischen Objekten in der Umgebung des Radarmoduls sein. Hier können die Werte für die DC-Offsets teilweise um ein vielfaches höher sein als die Amplituden des Basisbandsignals. Die Abbildung A.2.1 im Anhang zeigt den I- und Q-Kanal des Radarmoduls IPS-265 mit DC-Offsets. Im Zuge der Nicht-linearen Demodulation, würde die Bildung des Arkustangens aus den DC-Offset-behafteten Signalen zu einem nicht verwendbaren Respirationssignal führen. Daher besteht die Notwendigkeit einer DC-Offset-Kompensation.

Das Basisbandsignal enthält, durch die langsame Bewegung des Radarziels während der Atmung, ebenfalls DC Anteile. Eine frequenzabhängige DC Filterung würde das Basissignal beeinträchtigen und ist daher nicht zu verwenden.

Eine vielversprechende Möglichkeit zur Unterscheidung von Basisbandsignal und DC Offset ist die Auftragung der Modulausgänge in der I-Q Ebene. Die Abbildung **16** zeigt die komplexe Ebene von I- und Q-Signal.

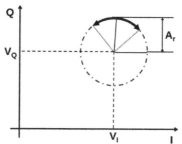

Abbildung 16: I-Q-Ebene der Ausgänge des Radarmoduls. Der Bogen auf der Kreisbahn entsteht durch die Bewegung des Radarziels. A_R: Amplitude der Basisbandsignale, V_I, V_Q: DC-Offsets der Kanäle *[43]*

Bei bewegtem Ziel bilden I- und Q-Signal eine Kreisbahn, deren Radius der Signalamplituden entspricht. Die Länge des zurückgelegten Bogens auf der Kreisbahn ist hierbei proportional zu dem Betrag der Auslenkung des Radarziels.

Die Koordinaten des Mittelpunkts der Kreisbahn werden durch die unerwünschten DC-Offsets gebildet [43]. Die Berechnung des Mittelpunktes der Kreisbahn ermöglicht die Bestimmung der DC-Offsets der beiden Kanäle. Diese können dann von den Rohsignalen subtrahiert werden.

Bei einem Vergleich von verschiedenen Algorithmen zur Mittelpunktbestimmung wurde der Levenberg-Marquardt-Algorithmus als besonders geeignet für die DC-Offset-Kompensation von CW-Doppler-Radarmodulen bewertet [44].

Dieser Algorithmus ist eine iterative Technik, die einen Ausgangswert zur Abschätzung benötigt [45]. Dieser Ausgangswert wird durch die Mittelpunktbestimmung mit Hilfe eines zweiten Algorithmus, dem Taubin-Fit realisiert [45].

Die Mittelpunktbestimmung der Kreisbahn hat insbesondere dann Vorteile, wenn der Betrag der Bewegung des Radarziels nur sehr gering ist. Hier können die verwendeten Algorithmen den Kreismittelpunkt auch bei sehr kleinen Bögen von 60° noch zuverlässig bestimmen.

Bei separater Betrachtung von I- und Q-Signal über die Zeit könnten die DC-Offsets hier nicht korrekt bestimmt werden, da die volle Amplitude der Basissignale, bei kleinen Auslenkungen, nicht detektierbar ist.

Die Abbildung 17 zeigt eine Zusammenfassung der digitalen Signalverarbeitung zur Extraktion des Bewegungssignals $x(t)$ aus den Rohsignalen des Radarsensors.

Das entworfene MATLAB-Programm ist in Abbildung A.2.4 im Anhang zu sehen.

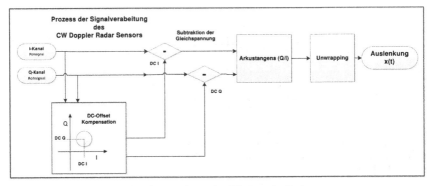

Abbildung 17: Prozess der Signalverarbeitung des CW-Doppler-Radarsensors

Zusätzlich zur retrospektiven Signalverarbeitung mit Hilfe der MATLAB Programmierumgebung wird ein Programm für die Echtzeitsignalverarbeitung entworfen, welches die Betrachtung eines Echtzeit-Atemsignals ermöglicht. Während die Aufgabe der retrospektiven Variante die Extraktion eines validen Respirationssignals ist, soll die Echtzeit Variante eine direkte Betrachtung der Respiration des Patienten in dem Kontrollraum des medizinischen Scanners ermöglichen.

Hierbei wird das LabVIEW-Programm des Akquisitionslaptops um die Echtzeit-signal-verarbeitung erweitert. Der Prozess der Signalverarbeitung geschieht dabei analog zur retrospektiven Variante mit dem Unterschied, dass die Bestimmung der DC-Offsets manuell von dem Benutzer durchgeführt wird. Dieses Verfahren ist weniger exakt als die MATLAB-Variante, bietet jedoch eine einfache und schnelle Möglichkeit ein Respirationssignal zu betrachten. Des Weiteren kann anhand des Signals die korrekte Positionierung des Sensors zum Patienten überprüft werden. Der zugehörige LabVIEW-Code, sowie ein Screenshot der Benutzeroberfläche des Programms sind im Anhang A.2.2 und A.2.3 abgebildet.

5.3 Validierung des Prototyps

Während der Validierung des Prototyps wird durch Untersuchung und Bereitstellung eines Nachweises überprüft, ob die in Abschnitt 4 aufgestellten Anforderungen an den Sensor für den beabsichtigten Gebrauch erfüllt werden. In diesem Fall stellt die kontaktlose Messung der Auslenkung der Körperoberfläche den beabsichtigten Gebrauch dar. Dazu werden zunächst Auslenkungen mit Hilfe eines hochpräzisen Lineartisches reproduzierbar simuliert. Des Weiteren sollen Probandenmessungen Aufschluss über die Einhaltung der Anforderungen an den Sensor geben.

5.3.1 Messung von Auslenkungen in Hauptstrahlrichtung

Der Messaufbau zur Simulation von Auslenkungen in Hauptstrahlrichtung, orthogonal zur Antennenfläche, ist in Abbildung 18 beschrieben. Ein Präzisionslineartisch des Unternehmens Owis GmbH [46] wird verwendet, um Auslenkungen reproduzierbar zu simulieren. An den Lineartisch wird ein Radarziel in Form einer Metallplatte befestigt, die sich in einem Abstand d_0 vor dem Doppler-Radarsensor befindet. Der Lineartisch kann mit Hilfe einer Feingewindespindel manuell vorgefahren werden. Dabei entspricht eine Spindelumdrehung einem Vorschub von einem Millimeter. Die kleinste Skaleneinheit beträgt 10 μm.

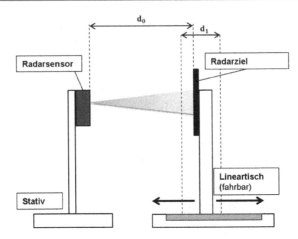

Abbildung 18: Aufbau zur Validierung des Doppler-Radar-Prototyps. d_0 = Nomineller Abstand zwischen Sensor und Reflexionsfläche, d_1 = Auslenkung des Radarziels durch Vorschub des Lineartisches

Reproduzierbarkeit

Für die Messung der Reproduzierbarkeit wird der Lineartisch mehrmals um eine fest definierte Strecke vor– und zurückgefahren, sodass das Radarziel immer wieder in die Ausgangsposition gebracht wird. Die manuell eingestellten Auslenkungen werden mit den Messwerten des Sensors verglichen. Die Reproduzierbarkeit wird dabei durch die Standardabweichung der Verteilung der Werte der gemessenen Auslenkung beschrieben. Für einen nominellen Abstand $d_{0,a}$= 100 mm und einer simulierten Auslenkung von $d_{1,a}$= 3 mm beträgt die Standardabweichung $\delta_{Rep,\ a}$ = 20 µm. Für einen Abstand $d_{0,b}$ = 400 mm und einer simulierten Auslenkung von $d_{1,b}$= 6 mm beträgt die Standardabweichung $\delta_{Rep,\ b}$= 20 µm.

Die Reproduzierbarkeit der angefahrenen Positionen des Radarziels soll ebenfalls überprüft werden. Die Standardabweichung der Werteverteilung für die angefahrenen Positionen liegt hier ebenfalls bei $\delta_{Rep,\ p}$= 20 µm.

Die Reproduzierbarkeit der Auslenkungen und Positionen befindet sich in dem Bereich der Einstellgenauigkeit des Lineartisches. Es liegt keine Verschiebung der Messwerte für die Ausgangsposition vor. Die Messung ist damit reproduzierbar im Sinne der Anforderungsspezifikation.

Empfindlichkeit

Vor dem Hintergrund der Empfindlichkeit des Sensors soll qualitativ validiert werden, ob die Detektion von minimalen Auslenkungen unterhalb eines Millimeters durch den Doppler-Radarsensor möglich ist. Hierzu wird der Messaufbau, wie in Abbildung 18 beschrieben, verwendet. Dabei werden Auslenkungen von 100 µm, 50 µm und 25 µm simuliert. Die Einstellgenauigkeit des Lineartisches wird mit 10 µm abgeschätzt. Die Abbildung 19 zeigt die gemessene Auslenkung über die Zeit nach der Signalverarbeitung.

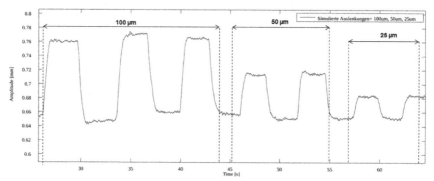

Abbildung 19: Messung zur Bestimmung der Empfindlichkeit. Gemessene Auslenkung des Lineartisches über die Zeit. Simulierte Auslenkungen von d_1 = 100 µm, 50 µm, 25 µm

Es ist zu erkennen, dass simulierte Auslenkungen von 25 µm noch klar zu detektieren sind. Das Signal hebt sich hier von dem Rauschen durch die Radarelektronik und Vibrationen im Umfeld der Messung klar ab. Die formulierte Festanforderung und die optionale Anforderung in Hinblick auf die Detektion von minimalen Auslenkungen durch Atmung und Herzaktivität werden hiermit erfüllt und überboten.

Messgenauigkeit

Zur Bestimmung der absoluten Messgenauigkeit werden Auslenkungen von -10 mm (Entfernen des Radarziels) bis 10 mm (Nähern des Radarziels) an dem Lineartisch eingestellt. Der Abstand beträgt dabei $d_{0,C}$ = 100 mm. Die Abbildung 20 zeigt einen Bland-Altmann Plot, in dem die Sensormesswerte mit den Auslenkungen des Lineartisches verglichen werden.

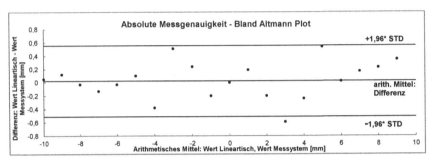

Abbildung 20: Bland-Altmann Plot Differenzen der Messwerte (Y-Achse) werden über die Arithmetische Mittel der Messwerte (X-Achse) aufgetragen. Horizontale Linien markieren das arithmetische Mittel sowie ±1,96*Standardabweichung der Differenzen

Die Abweichung der Sensorwerte zur Referenzmessmethode beträgt im arithmetischen Mittel $\overline{\Delta d_H}$ = 0,02 mm. Die Standardabweichung der Differenz der jeweiligen Messwerte beträgt dabei δ_H = 0,28mm. Hier ist keine Abhängigkeit der Messwertabweichung von der Größe oder Richtung der Auslenkung erkennbar. Die ermittelte Messgenauigkeit für Auslenkungen in Hauptstrahlrichtung ist kleiner als die geforderte Messgenauigkeit Δd_{Fehler} = 0,5mm und entspricht damit den Anforderungen.

5.3.2 Winkelabhängigkeit der Messgenauigkeit

Die Abstrahlenergie und die Sensitivität für den Empfang von EM-Strahlung sind bei dem verwendeten Radarmodul winkelabhängig in horizontaler und vertikaler Raumrichtung. Damit nimmt die Amplitude des Basisbandsignals mit zunehmender Abweichung von der Hauptstrahlrichtung ab. Für eine eventuelle Auswirkung auf die berechneten Werte für die Auslenkung muss diese Winkelabhängigkeit der absoluten Messgenauigkeit überprüft werden. Dafür wird der Lineartisch auf einer Kreisbahn von -45° bis +45° zur Hauptstrahlrichtung in horizontaler Richtung positioniert. Im Datenblatt des Radarmoduls ist der Abstrahlwinkel in horizontaler Richtung mit αH = 32° angegeben.

Der nominelle Abstand beträgt $d_{0,W}$ = 300 mm. Es wird dabei eine Auslenkung $d_{1,W}$ = 6mm simuliert. Die Abbildung A.3.1 im Anhang zeigt die Abweichung der Messwerte in Abhängigkeit von dem Winkel. Innerhalb eines Winkelbereiches von -30° bis +30° beträgt die mittlere Abweichung der Messwerte $\overline{\Delta d_W}$ = 0,05 mm mit einer Standardabweichung $\delta_W = 0,11$ mm. Für Winkel $\alpha > 40°$ nehmen die Abweichungen bis zu 0,8 mm zu.

Die Signalintensität der Rohsignale ist hier sehr gering und stimmt mit den Angaben des Datenblattes überein. Innerhalb des angegebenen Abstrahlwinkels entspricht die Messgenauigkeit den Anforderungen an den Sensor.

5.3.3 Einfluss von Textilien und Kunststoffen auf die Signalqualität

Die vorteilhaften Eigenschaften von Kunststoffen und Textilien in Hinblick auf die Transmission von EM-Strahlung im Mikrowellenbereich sind in dem Abschnitt 2.2.1 erläutert. Dennoch muss überprüft werden, ob die Durchdringung dieser Medien einen Einfluss auf die Messwerte für die berechneten Auslenkungen hat. Hierfür wird der Messaufbau aus dem Abschnitt 5.3.1 verwendet.

Mit Bezug auf einen Einbau des Sensors in einen medizinischen Scanner, wird hier die Messung hinter einer Kunststoffverkleidung simuliert.

Dafür wird eine Kunststoffplatte aus dem Material ABS (Schichtdicke: 3 mm) 8cm vor dem Sensor platziert. Die Simulation von verschiedenen Auslenkungen wird mit Hilfe des Lineartisches, analog zu Abschnitt 5.3.1, realisiert. Die Abweichung der Sensorwerte zur Referenzmessmethode (Lineartisch) beträgt im arithmetischen Mittel $\overline{\Delta d_K} = 0,19$ mm. Die Standardabweichung der Differenz der jeweiligen Messwerte beträgt dabei $\delta_K = 0,21$ mm.

Während einer PET-Messung können Patienten bekleidet oder mit einer Bettdecke versorgt sein. Für die Simulation von mehreren Schichten Stoff wird hier ein handelsübliches Kissen (Füllung und Bezug aus Polyester) mit einer Stärke von 15 cm verwendet.

Dieses wird in einem Abstand von 3 cm zum Radarziel in dem Messaufbau eingefügt. Die Abweichung der Sensorwerte zur Referenzmessmethode beträgt im arithmetischen Mittel $\overline{\Delta d_{Textilien}} = 0,09$ mm. Die Standardabweichung der Differenz der jeweiligen Messwerte beträgt dabei $\delta_{Textilien} = 0,24$ mm für die Messung durch ein Kissen. Die Messgenauigkeit für die Messungen durch Kunststoff und Textilien befinden sich in dem Bereich der Messungen ohne Hindernis. Der Einfluss dieser Medien auf die Messwerte und die Signalqualität ist hiermit zu vernachlässigen.

5.3.4 Respirationsmessungen an Probanden

Nachdem einige Anforderungen an den Doppler-Radarsensor mit Hilfe von simulierten Auslenkungen geprüft wurden, sollen nun erste Probandenmessungen Aufschluss über die Gültigkeit des Messverfahrens geben. Während für die Quantifizierung der Messgenauigkeit eine Simulation mit definierten geometrischen Verhält-
nissen, linearen Auslenkungen und einem Radarziel aus Metall verwendet wurde,
müssen nun die veränderten Eigenschaften im Vergleich zu Probandenmessungen
berücksichtigt werden. Diese unterscheiden sich in der komplexeren Formung der
Körperoberfläche, in den veränderten Reflexionseigenschaften der Haut sowie der
mehrdimensionalen Bewegungen der Körperoberfläche während der Atmung.

Die Respirationsmessungen an Probanden werden durchgeführt um zu prüfen, ob
diese veränderten Faktoren einen Einfluss auf die Qualität der Messung haben oder
zu Störungen führen können. Für die Respirationsmessung liegen die Probanden in
Rücken- oder Bauchlage auf dem Boden. Um einen Einbau des Sensors in die Verkleidung eines medizinischen Scanners zu simulieren, wird der Sensor 30 cm über
dem Proband mit Hilfe eines Stativs angebracht. Der horizontale Abstrahlwinkel
α_H umfasst dabei die Horizontalachse des Körpers über die gesamte Körperbreite.
Der vertikale Abstrahlwinkel α_V umfasst die Longitudinalachse des Körpers über
eine Länge von etwa 17 cm. Die Abbildung 21 zeigt ein Respirationssignal über die
Zeit, aufgenommen an einem Probanden in Rückenlage. Dabei bildet das obere
Abdomen oberhalb des Umbilicus (Bauchnabel) die Fokusregion des Sensors. Die
Probanden tragen ein T-Shirt während der Messung.

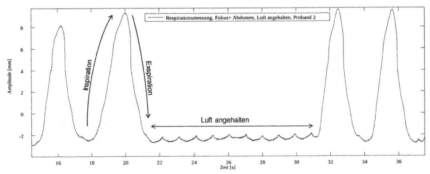

Abbildung 21: Respirationsmessung an einem Probanden. Proband in Rückenlage. Fokusregi-
on= oberes Abdomen. Inspiration= Zunahme der Amplitude, Exspiration= Abnahme der
Amplitude

Die Abbildung 21 zeigt das Respirationssignal nach der Signalverarbeitung. Hierbei werden zunehmende Amplitudenwerte als Inspiration dargestellt. Die Abbildung zeigt ein klares Respirationssignal während der natürlichen Inspiration und Exspiration des Probanden. Eine frequenzabhängige Filterung eines Signalrauschens oder Störartefakten ist hier nicht notwendig. Während die Luft vom Probanden angehalten wird, sind kleinere Auslenkungen mit einer Frequenz von etwa 60 pro Minute zu erkennen. Hier ist die Detektion von Auslenkungen durch die Herzaktivität während dieser Phase möglich.

Die Abbildung A.3.2 im Anhang zeigt eine Respirationsmessung in Bauchlage. Auch hier sind während der Phase des Luftanhaltens kleine Auslenkungen zu erkennen, die durch die Herzaktivität bedingt sein können. Die Abbildungen A.3.3 und A.3.4 im Anhang zeigen Respirationsmessungen über 60 Sekunden für Probanden in Rückenlagen mit den Fokusbereichen Brust und Abdomen. Hier sind über den gesamten Messzeitraum störungsfreie Respirationssignale zu erkennen.

Da sich hier Regionen mit unterschiedlichen Auslenkungsrichtungen und Beträgen in dem Fokusbereich des Sensors befinden, stellen die gemessenen Amplituden eine Mittelung der Bewegung dar, die mit abnehmendem Winkel zur Hauptstrahlrichtung höher gewichtet werden. Zusammenfassend ist die Respirationsmessung ohne weitere Nachverarbeitung des Signals mit der entwickelten Signalverarbeitung möglich. Die Detektion der Herzaktivität kann in Phasen, in denen die Luft angehalten wird, ohne Nachverarbeitung des Signals realisiert werden.

5.3.5 Einfluss von Bewegungen im Umfeld der Respirationsmessung

Das Radarmodul IPS-265 besitzt begrenzte Abstrahlwinkel in horizontaler und vertikaler Richtung. Das ermöglicht die Messung von lokalen Regionen der Körperoberfläche und soll die Störeinflüsse aufgrund von Bewegungen im Umfeld der Respirationsmessung reduzieren. Dennoch besteht die Möglichkeit, dass durch Mehrfachreflexion externe Bewegungen detektiert werden. Es soll anhand einer Probandenmessung geprüft werden, wie sich solche externen Bewegungen auf das Messsignal auswirken. Die Messung solcher Einflüsse wird am Probanden durchgeführt, um die Reflexionseigenschaften für eine Anwendung in der Klinik optimal zu simulieren. Dazu wird der Messaufbau für die Respirationsmessung am Probanden aus Abschnitt 5.3.4 verwendet, mit dem Unterschied, dass sich die Probanden auf einem Tisch in Rückenlage befinden.

Während des Referenzzeitraums wird die Respirationsmessung ohne eine Bewegung im Umfeld des Patienten durchgeführt. Im Aktionszeitraum befindet sich eine externe Person am Kopfende des Probanden. Hier werden durch auf- und abgehen sowie Armbewegungen in der Nähe des Kopfes des Probanden typische Aktionen des Klinikpersonals während einer PET-Messung simuliert. Die Abbildung 22 zeigt das Respirationssignal während einer Messung, mit der Brust des Probanden als Fokusregion.

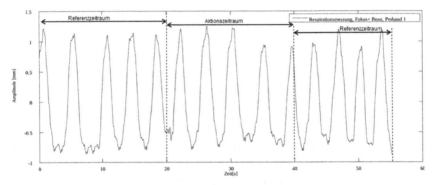

Abbildung 22: Einfluss von Bewegungen im Umfeld der Messung. Fokusbereich= Brust. Referenzzeitraum= Keine externe Bewegung, Aktionszeitraum= Externe Person bewegt sich in der Nähe des Kopfes des Probanden

Bei dem Vergleich des Signals des Aktionszeitraums mit den Referenzzeiträumen sind keine Störungen durch Bewegungen im Umfeld der Messung zu erkennen. Rasche Bewegungen der externen Personen müssten als höherfrequente Schwingungen im Signal zu erkennen sein. Diese bleiben hier aus. Die Abbildung A.3.5 im Anhang zeigt eine Messung für den Abdominalbereich des Probanden.

Auch hier sind keine Störeinflüsse durch Bewegungen einer externen Person in der Nähe des Kopfes des Probanden zu erkennen. Die Anforderungsspezifikation sieht vor, dass das Respirationssignal im Hinblick auf das Ergebnis des Gatings nicht gestört werden darf. Bewegungen im Umfeld der Messung haben hier keine zusätzlichen Schwingungen oder Peaks im Respirationssignal zur Folge. Die Doppler-Radar Messung ist robust gegenüber diesen Einflüssen im Sinne der Anforderungsspezifikationen.

5.3.6 Einfluss von Funkanwendungen

Die Störanfälligkeit des Doppler-Radarsensors in Hinblick auf andere Funkanwendung kann im Rahmen dieser Arbeit nicht experimentell geprüft werden. Für verschiedene Hochfrequenzanwendungen in Industrie, Wissenschaft und Medizin (Industrial, Scientific and Medical, ISM) sind bestimmte Frequenzbänder weltweit zugewiesen. Dabei ist ein spezielles Frequenzband von 24- 24,25 GHz für Funkbewegungsmeldern mit geringer Leistung definiert [37]. Das verwendete Doppler-Radarmodul arbeitet in diesem Frequenzband. So ist vorgesehen, dass andere Funkanwendungen von Geräten innerhalb dieses Bandes nicht gestört werden. Für die drahtlose Kommunikation von medizinischen Anwendungen und Telemetrie Anlagen wird heutzutage weitverbreitet die IEEE-Norm 802.11 [47] verwendet, welche um Frequenzen von 2,4 GHz beziehungsweise 5 GHz arbeiten. Im Rahmen der Kommunikation mit medizinischen Implantaten sind nach der ISM-Regelung Frequenzen unterhalb von 406 MHz definiert [37]. Es besteht hierbei keine Gefahr einer Interferenz zwischen Radarmodul und den gängigen medizinischen Funkanwendungen.

Für die Prüfung einer möglichen Interferenz des Radarmoduls mit anderen Funkbewegungsmeldern werden in einem Versuchsaufbau drei Radarmodule des Typs IPS-265 gleichzeitig nebeneinander betrieben. Hierbei kann im Respirationssignal keine Störung auf Grund von Interferenzen erkannt werden. Der Hersteller gibt dabei an, dass die Radarmodule innerhalb des ISM-Frequenzbandes mit einem breiten Spektrum von verschiedenen Sendefrequenzen gefertigt werden, sodass die Wahrscheinlichkeit von Interferenzen zwischen zwei Radarmodulen minimiert wird [21].

5.4 Klinische Versuche

Zur Evaluierung des entwickelten Doppler-Radarsensors soll das Verfahren im Rahmen von klinischen Versuchen mit anderen Verfahren zur klinischen Respirationsmessung verglichen werden.

Des Weiteren soll die Messung mit drei Doppler-Radarsensoren Aufschluss über weitere Möglichkeiten zur Respirationsmessung liefern. Die Respirationsmessung an einer Maus soll Aufschluss geben, ob minimale physiologische Auslenkungen mit Hilfe des Doppler-Radarsensors detektierbar sind.

5.4.1 Messaufbau

Im Rahmen der klinischen Versuche wird das Doppler-Radar-Verfahren anhand von Patientendaten mit anderen Verfahren zur klinischen Respirationsmessung verglichen. Dafür wird ein Messaufbau an dem PET-CT Scanner (Biograph mCT, Siemens AG) der Klinik für Nuklearmedizin des Universitätsklinikums Münster realisiert. Das Respirationssignal wird mit Hilfe des Doppler-Radarsensors während laufender PET-Messungen aufgenommen. Die Abbildung 23 und Abbildung 24 zeigen den Messaufbau für die klinischen Versuche.

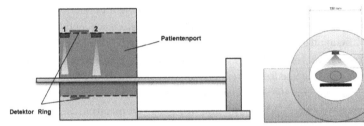

Abbildung 23: Seitenansicht des Messaufbaus für die klinischen Versuche. 1,2: Mögliche Positionen zur Anbringung des Sensors

Abbildung 24: Frontalansicht des Messaufbaus für die klinischen Versuche

Der Sensor wird dabei oberhalb des Patienten, mittig in den Patientenport mit Hilfe von Klebeband angebracht. Die Positionen 1 und 2 in Abbildung 23 zeigen Möglichkeiten zur Anbringung des Sensors superior und inferior des PET-Detektorrings. Es wird darauf geachtet, dass sich der Sensor nicht in dem Field-of-View des PET-Detektorrings befindet, damit eventuelle Abschwächungen durch den Sensor nicht das Ergebnis der PET-Messung verfälschen. Aus Sicherheitsgründen wird in einem Phantomversuch die Abschwächung des Sensors sowie des zuführenden Kabels in dem PET-Ring ermittelt. Die Abschwächung durch Sensor beziehungsweise Kabel im PET-Ring betragen 0,2 % und 0,5 % der Ausgangsintensität und sind damit zu vernachlässigen.

Dennoch wird der Sensor außerhalb des PET-Rings angebracht, damit die PET-Messungen der Patienten nicht beeinträchtigt werden.

Der Laptop und das Datenaufnahmemodul befinden sich während der Messung im Kontrollraum des PET/CT-Scanners und sind per Kabel mit dem Sensor verbunden. Hier kann, wie in Abschnitt 5.2.2 beschrieben, ein Echtzeit-Respirationssignal betrachtet werden.

5.4.2 Vergleich mit weiteren Messmethoden

Die klinische Standardmethode zur Respirationsmessung stellt das Anzai-System dar, welches einen Atemgürtel verwendet. Die Ergebnisse des Radarsensors sollen hier mit dem Standardverfahren anhand einer Messung an einem Probanden (Aufnahmezeit: 100 s) verglichen werden. Zudem wird der Sensor mit einem videobasierten 3D-System, das folgend als Kinect-System bezeichnet werden soll, anhand von Messungen an 2 Probanden und 2 Patienten (Aufnahmezeit: 60 s bzw. 480 s) verglichen. Der Vergleich mit dem daten-getriebenen Gating (6 Patienten, Aufnahmezeit: 300 bzw. 480 s) soll Aufschluss über die Korrelation zu einer intrinsischen Methode geben. Alle drei Verfahren sind in Abschnitt 2.1.3 erläutert. Für den Vergleich nehmen, während der PET-Messung, zwei oder mehrere Systeme ein Respirationssignal des Patienten auf. Während einer Messung bleibt die Bettposition des Patienten dabei unverändert. Die Synchronisierung der vier Messmethoden erfolgt durch ein Triggersignal, welches zum Start und Ende einer Messung von dem PET/CT-Scanner ausgegeben wird.

5.4.3 Simultane Messung für mehrere lokale Regionen

Die Respirationsmessung mit Hilfe des Doppler-Radarsensors detektiert lediglich Auslenkungen einer lokalen Region der Körperoberfläche. Das bietet den Vorteil, dass die Bewegungen von unterschiedlichen Regionen selektiv detektiert und verglichen werden können. Bei einem festen Einbau in einen medizinischen Scanner wird die Lage der Fokusregion durch die Lage des Sensors zum PET-Detektorring und durch das Field-of-View des PET-Detektors bestimmt. Das kann, abhängig von der Bettposition, dazu führen, dass an Regionen, wie dem Kopf oder der Hüfte, keine Atembewegung gemessen werden kann. Hier ist es nötig, dass ein gültiges Respirationssignal für alle Bettpositionen bereitgestellt werden kann.

Aus diesem Grund wird die simultane Messung mit drei Doppler-Radarsensoren durchgeführt. Dazu werden zwei weitere Sensoren aufgebaut und geprüft, sowie die Software für die Datenaufnahme und Signalverarbeitung erweitert. Für die klinischen Versuche werden die drei Sensoren, wie in Abschnitt 5.4.2 beschrieben, an den Scanner angebracht.

Der Abstand zwischen den Sensoren beträgt dabei jeweils 20 cm. Während ein Sensor superior des Detektorrings angebracht ist, sind die anderen Sensoren beiden inferior des Rings angebracht. Die Abbildung 25 zeigt die resultierenden Fokusregionen für eine PET-Messung der unteren Lunge.

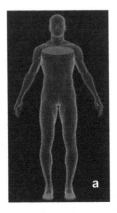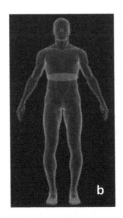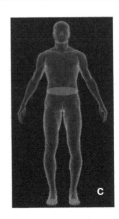

Abbildung 25: Fokusregionen für eine simultane Messung mit drei Doppler-Radarsensoren. Field-of-View des PET-Scanners: untere Lunge. Fokusregionen des Doppler-Radarsensors: a=Brust, b= oberes Abdomen, c= unteres Abdomen. Zeichnung modifiziert von [48]

Neben der Generierung von zusätzlichen Daten für den Vergleich mit weiteren Messmethoden bietet die simultane Messung mit drei Sensoren den Vorteil, dass die Signale der drei Fokusregionen untereinander verglichen werden können. Hier sollen die Phasenunterschiede und die Korrelationen der Signale von unterschiedlichen Fokusregionen untersucht werden.

5.4.4 Respirationsmessung an einer Maus

Im Rahmen der Validierung des Prototyps konnte der Doppler-Radarsensor eine hohe Empfindlichkeit aufweisen, sodass simulierte Auslenkungen von 25 μm noch zu detektieren waren. Um die Detektierbarkeit von kleineren physiologischen Auslenkungen, wie zum Beispiel bei Neugeborenen, zu prüfen, können im Zuge dieser Arbeit keine humanen Versuche durchgeführt werden.

Versuche an einer Maus bieten hier die Möglichkeit eine Respirationsmessung an Lebewesen durchzuführen, die noch geringere Auslenkungen der Körperoberfläche aufweisen. Neben Aufschlüssen für den humanen Bereich gibt die Respirationsmessung an einer Maus Aufschlüsse über die Anwendbarkeit als kontaktlose Gating-Methode für die Präklinik.

Auch im präklinischen Bereich ist die PET-Bildgebung von Kleintieren von längeren Aufnahmezeiten und Bewegungsartefakten, hervorgerufen durch die Atembewegung, gekennzeichnet. Die Respirationsmessung wird dafür an einer narkotisierten Maus durchgeführt, welche in Bauchlage auf einem Kleintierbett liegt. Der Doppler-Radarsensor befindet sich während der Messung 4 cm seitlich von der Maus entfernt, sodass durch die horizontale Strahlausbreitung Auslenkungen über die gesamte Länge der Maus detektiert werden.

6. Ergebnisse

6.1 Vergleich mit weiteren Methoden zur Respirationsmessung

Im Rahmen von klinischen Versuchen wurden die Doppler-Radar-Messungen mit klinisch etablierten Methoden zur Respirationsmessung verglichen. Der Aufbau der klinischen Versuche ist in Abschnitt 5.4.1 beschrieben. In diesem Abschnitt werden die Ergebnisse der Doppler-Radar-Messung mit denen des Anzai- und Kinect-Systems sowie mit dem daten-getriebenen Gating verglichen. Zusätzlich soll die Möglichkeit der Extraktion eines Signals für die kardiovaskuläre Aktivität überprüft werden.

Für den Vergleich der Systeme, werden der Pearson-Korrelationskoeffizient sowie der Phasenunterschied zweier Signale mit Hilfe der Programmierumgebung MAT-LAB berechnet.

Vergleich mit dem Anzai-System

Das Anzai-System verwendet einen Atemgürtel für die Generierung eines Respirationssignals. Für den Vergleich der Messmethoden wurden Respirationssignale eines einzigen Probanden mit den Fokusbereich des Abdomens aufgenommen. Da die Systeme unterschiedliche Messgrößen aufnehmen, werden die Signale normalisiert. Für die Normalisierung wird jedes Signal mit dem arithmetischen Mittel des Signals subtrahiert und durch die Standardabweichung des Signals geteilt.

Die Abbildung 26 zeigt die aufgenommenen, normalisierten Kurven beider Messmethoden.

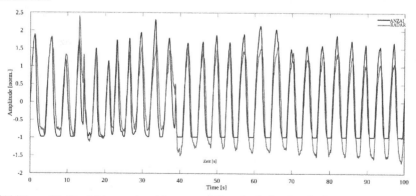

Abbildung 26: Vergleich von Anzai-System und Doppler-Radar. Respirationsmessung an Proband 2

Das Respirationssignal der Anzai-Messung wird systembedingt, bei einer normalisierten Amplitude von -1, abgeschnitten und kann den realen respiratorischen Status unterhalb dieses Niveaus nicht mehr wiedergeben. Diese generelle Limitierung von maximal und minimal detektierbaren Signalamplituden stellt ein Problem, während der Respirationsmessung mit dem Anzai-System, dar.

Mit Hilfe einer Kreuzkorrelation der beiden Signale wird ein Phasenunterschied berechnet. Während dieser Messung eilt das Signal des Anzai-Systems mit $\tau_A = 170$ ms voraus. Die Abbildung 27 zeigt ein Streudiagramm der beiden Signale, in dem das Signal des Anzai-Systems gegen das Signal des Doppler-Radar-Systems aufgetragen ist. Dabei ist die Ausbildung einer Hysterese zu erkennen. Für Inspiration und Exspiration beschreibt die Kurve dabei einen unterschiedlichen Verlauf.

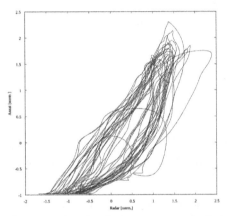

Abbildung 27: Streudiagramm der Respirationsmessung mit Radar und Anzai-System. Proband 2

Für den quantitativen Vergleich wird der Pearson Korrelationskoeffizient berechnet. Die beiden Signale weisen für diese Messung eine hohe Korrelation mit $r_A = 0,9$ auf.

Vergleich mit dem Kinect-System

Für den Vergleich mit dem Kinect-System wurden mehrere Respirationsmessungen (6 Probanden, 2 Patienten) durchgeführt. Während der Messungen wurden die Respirationssignale von beiden Methoden an jeweils denselben Körperregionen gemessen. Die Abbildung 28 zeigt Respirationssignale eines Probanden für den Fokusbereich Abdomen.

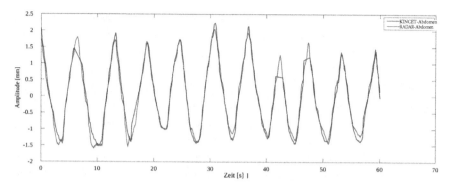

Abbildung 28: Vergleich von Kinect-System und Doppler-Radar. Proband 3

Da beide Systeme eine Auslenkung in A-P-Richtung messen, sind die Amplituden hier in Millimetern aufgetragen. Die absolut gemessenen Auslenkungen sind während dieser Messung gut vergleichbar.

Durch eine unvollständige Datenaufnahme des Kinect-Systems, fehlen teilweise Datenpunkte, sodass inspiratorische Maxima nicht wiedergegeben werden können.

Die Abbildung 29 zeigt das Streudiagramm der beiden normalisierten Respirationssignale.

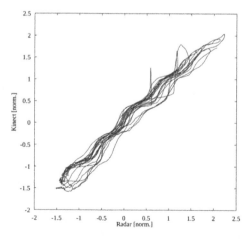

Abbildung 29: Streudiagramm der Respirationsmessung mit Radar und Kinect-System. Proband 3

Für den Vergleich der beiden Messmethoden zeigt das Streudiagramm eine hohe Korrelation der Signale. Die Tabelle A.4.1 im Anhang zeigt eine Übersicht über die Korrelationen und Phasenunterschiede für alle Vergleichsmessungen mit dem Kinect-System. Die mittlere Korrelation und die Standardabweichung aller Messungen betragen $r_K= 0,87\pm 0,1$.

Die Phasenverschiebungen zwischen den Signalen sind abhängig von der genauen Ausrichtung der beiden Systeme auf eine lokale Region der Körperoberfläche und reichen von -180 ms (Radarsignal eilt vor) bis 450 ms (Kinect-Signal eilt vor). Die Abbildungen A.4.2 und A.4.3 im Anhang zeigen weitere Vergleichsmessungen an Patienten und Probanden. Teilweise weisen die Auslenkungen hier Abweichungen in den maximalen Amplituden auf (Abbildung A.4.3), während die normalisierten Signale stark korrelieren.

Vergleich mit dem daten-getriebenen Gating

Anders als das Anzai und Kinect-System, detektiert das daten-getriebene Gating interne Bewegungen in S-I-Richtung. Für den Vergleich der Messmethoden werden die Respirationssignale deshalb normalisiert. Die Abbildung 30 zeigt den Vergleich der Respirationskurven für eine Patientenmessung.

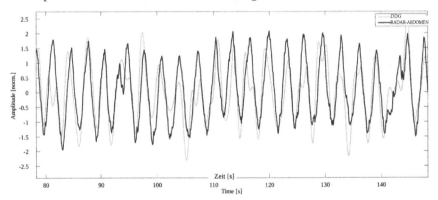

Abbildung 30: Vergleich von daten-getriebenen Gating und Doppler-Radar-System. Patient 6

Die lineare Korrelation der beiden Signale kann bereits optisch geringer abgeschätzt werden. Für Respirationsmessungen an 8 Patienten wird ein mittlerer Korrelationskoeffizient und eine Standardabweichung von $r_{DDG}= 0,61\pm 0,05$ festgestellt.

Die Abbildungen A.4.5 bis A.4.8 zeigen weitere Vergleiche zwischen daten-getriebenem Gating und dem Doppler-Radar-System. Die Tabelle A.4.4 fasst die Korrelationen und Phasenunterschiede der Signale zusammen. Dabei fallen teilwei-se hohe Phasenunterschiede zwischen dem Radar-Signal und dem DDG-Signal auf.

Baselines

Für den Zeitraum einer Messung kann sich die Lage des exspiratorischen Niveaus eines Patienten ändern. Dieses Verhalten soll folgend als Baseline Drift bezeichnet werden und ist in Abbildung 5 in Abschnitt 2.1.3 exemplarisch dargestellt. Da Re-spirationssignale teilweise zeitgleich von Radar und Anzai-System, sowie dem da-ten-getriebenen Gating aufgenommen wurden, kann der Verlauf der Baseline wäh-rend einer PET-Messung für die drei Methoden untereinander verglichen werden. Dafür werden alle normalisierten Respirationssignale mit einem Tiefpassfilter (Grenzfrequenz= 0,015 Hz) bearbeitet.

Die Abbildung 31 und Abbildung 32 zeigen den Verlauf der Baselines für alle drei Messverfahren während einer sechsminütigen PET-Messung.

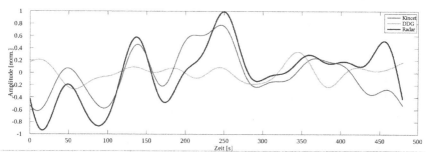

Abbildung 31: Vergleich der Baselines von Radar System, Anzai-System und DDG. Patient 1

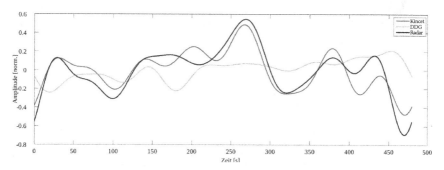

Abbildung 32: Vergleich der Baselines von Radar System, Anzai-System und DDG. Patient 2

Der Radarsensor und das Anzai-System, welche die Atembewegung in A-P-Richtung detektieren, zeigen vergleichbare Verläufe mit starken Schwankungen der Baseline, während sich die Baseline der DDG-Methode von diesen Methoden stärker unterscheidet und geringeren Schwankungen unterliegt. Aufgrund des unterschiedlichen Ursprungs der Signale korrelieren die beiden externen Methoden hier weniger stark mit der intrinsischen Methode.

6.2 Extraktion eines Signals für die kardiovaskuläre Aktivität

Zum Vergleich mit den optionalen Anforderungen aus Abschnitt 4 soll hier geprüft werden, ob die Extraktion eines Signals für die kardiovaskuläre Aktivität möglich ist. Dafür wird das Amplitudenspektrum des Doppler-Radar-Signals während einer Patientenmessung betrachtet. Die Abbildung A.4.2 im Anhang zeigt das zugehörige Doppler-Radar-Signal über die Zeit. Mit Hilfe der diskreten Fourier Transformation wird das Signal in den Frequenzbereich transformiert. Die Abbildung 33 zeigt das Amplitudenspektrum des Doppler-Radar-Signals. Die Höhe der Amplituden ist dabei über die Frequenzanteile des Signals aufgetragen.

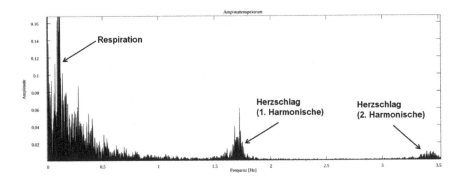

Abbildung 33: Amplitudenspektrum des Doppler-Radar-Signals. Patient 2

In Abbildung 33 können die hohen Amplituden in einem Frequenzbereich um 0,1 Hz eindeutig der Respiration zugeordnet werden. Davon klar getrennt befindet sich in dem Frequenzbereich von 1,7 Hz ein Signalanteil, welcher der kardiovaskulären Aktivität zugeordnet wird. Die 2. Harmonische ist bei der doppelten Frequenz der Grundfrequenz (1. Harmonische) des kardiovaskulären Signals durch kleinere Amplituden vertreten.

Da Anteile von Respiration und kardiovaskulärer Aktivität im Frequenzbereich klar getrennt sind, kann das Signal mit Hilfe eines Bandpassfilters bearbeitet werden (untere Grenzfrequenz: 1,3 Hz, obere Grenzfrequenz: 2,3 Hz). Das ungefilterte und gefilterte Signal ist in Abbildung A.4.9 im Anhang zu sehen. Ein Monitoring der kardiovaskulären Aktivität ist hier eindeutig möglich.

Signale für das kardiovaskuläre Monitoring können nicht bei sämtlichen Patientenmessungen extrahiert werden. Die Abbildung A.4.10 im Anhang zeigt das Amplitudenspektrum einer weiteren Patientenmessung. In diesem Spektrum finden sich keine Signalanteile, die der Herzaktivität zuzuordnen sind.

Die Detektierbarkeit eines kardiovaskulären Signals ist für die Gesamtheit der Messungen stark von den individuellen Unterschieden der Hautvibrationen durch die kardiovaskuläre Aktivität abhängig. Die Möglichkeit der Detektion solcher Auslenkungen durch den Doppler-Radarsensor ist allerdings gegeben.

6.3 Simultane Messung mit mehreren Sensoren

Während der simultanen Messung mit drei Doppler-Radarsensoren können die Korrelationen, Phasenunterschiede und Baseline Drifts der Signale für die lokalen Fokusbereiche untereinander verglichen werden. Die Abbildung 34 zeigt eine Patientenmessung mit drei Sensoren. Die beiden Signale, gemessen am Abdomen des Patienten, weisen eine hohe Korrelation ($r_{Abdomen}$= 0,86) und einen geringen Phasenunterschied ($\tau_{Abdomen}$= 50 ms) auf.

Das Signal von der Brust des Patienten eilt hier mit $\tau_{Br\text{-}AB}$= 370ms voraus. Zudem ist ein Baseline Drift über den gesamten Zeitraum der Messung zu erkennen. Das respiratorische Niveau fällt im Laufe der Messung ab, während die Signale im Bereich des Abdomens keinen Baseline Drift zeigen. Die unterschiedlichen Körperregionen können hier, auch in Hinblick auf den Baseline Drift, ein unterschiedliches Verhalten zeigen.

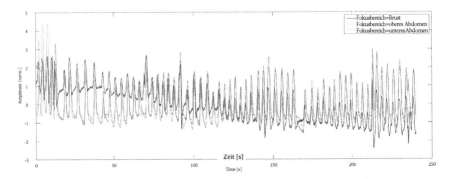

Abbildung 34: Respirationsmessung mit drei Doppler-Radarsensoren. Patient 7

Die Abbildung A.4.12 im Anhang zeigt eine weitere simultane Messung mit drei Sensoren. In dieser Messung folgt das Brustsignal den beiden Signalen vom Abdomen mit 200 ms nach. Ein Baseline Drift ist für alle drei Signale nicht zu erkennen. Die Signale weisen dabei untereinander hohe Korrelationen mit $r > 0{,}9$ auf. Die Tabelle A.4.11 im Anhang fasst die Ergebnisse der Messungen mit drei Sensoren zusammen.

6.4 Respirationsmessung an einer Maus

Um die Detektierbarkeit von kleinsten, physiologischen Auslenkungen zu testen, wurde eine Respirationsmessung an einer Maus durchgeführt. Im Rahmen dieser Messung sollte qualitativ betrachtet werden, ob die Generierung eines Respirationssignals bei kleinen, physiologischen Auslenkungen möglich ist. Die Abbildung 35 zeigt das Respirationssignal einer Maus in einem Abstand von 4 cm.

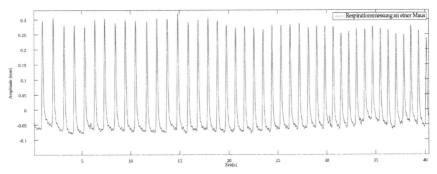

Abbildung 35: Respirationsmessung an einer Maus. Abstand Sensor-Maus= 4 cm

Das Respirationssignal ist hier in Millimetern aufgetragen und kann klar erkannt werden. Darüber hinaus wurde das Amplitudenspektrum des Doppler-Radar-Signals berechnet. Dieses ist in Abbildung A.4.13 im Anhang zu sehen. In der Abbildung sind die Grundfrequenz der Atmung sowie mehrere harmonische Frequenzen der Grundfrequenz des Respirationssignals zu beobachten. Dabei kann ein Signal für die kardiovaskuläre Aktivität, ohne die Information eines Elektrokardiogramms, nicht unterschieden werden. So ist eine frequenzabhängige Filterung, zur Extraktion eines Signals für die kardiovaskuläre Aktivität, der Maus nicht möglich. Die Respirationsmessung an dem Kleintier ist jedoch ohne weitere Nachverarbeitung des Signals sehr gut realisierbar.

7. Diskussion

In diesem Abschnitt werden die Herausforderungen und Lösungen während der Entwicklung des Doppler-Radarsensors diskutiert. Darüber hinaus wird die Anwendbarkeit der klinischen Versuche sowie die Leistung des Doppler-Radarsensors anhand der Vergleiche mit etablierten Methoden bewertet.

7.1 Entwicklung des Doppler-Radarsensors

Mit der Auswahl des Doppler-Radar-Moduls wurde die Sendefrequenz für die Respirationsmessung gleichzeitig festgelegt. Die hier verwendete Frequenz von 24 GHz ermöglicht eine gute Durchdringung von Kunststoffen und Textilien, bei einer starken Reflexion an der Haut des Patienten. Wie durch die klinisch etablierte Methode wird mit diesem System eine externe Bewegung des Patienten gemessen. Ansätze zur Verwendung von geringeren Sendefrequenzen für die tiefere Eindringung in den Körper und Messung einer internen Organbewegung sind Gegenstand aktueller Forschung [24]. Diese Methode würde ein direkteres Maß für die Bewegung einer Läsion bieten. Dabei bleibt jedoch die Frage unbeantwortet, an welchen Organen die EM-Strahlung reflektiert. Somit ist nicht sichergestellt, welche intrinsische Bewegung detektiert wird. Zudem verlangt die größere Strahlausbreitung für diese Frequenzen, die Anordnung der Antennen direkt am Patienten [35].

Mit der gewählten Sendefrequenz von 24 GHz konnte im Rahmen von Validierungs-messungen gezeigt werden, dass die Durchdringung von Kunstoffen und Textilien keinen wesentlichen Einfluss auf die Signalqualität hat. Dies konnte anhand von Patienten, die mit Bettdecken im PET Scanner lagen, bestätigt werden.

Die Verarbeitung der Rohsignale des Sensors stellte sich als robust gegenüber Änderungen des nominellen Abstandes zu dem Radarziel heraus. Die Messabweichungen lagen hier in dem Bereich der vorher definierten Anforderungsspezifikationen. Aufgrund der hohen Sendefrequenz konnten auch noch geringe Auslenkungen von 25 µm detektiert werden. Hier führt eine geringe Auslenkung des Radarziels zu einer ausreichend großen Phasenmodulation auf Grund der geringen Wellenlänge.

7.2 Klinische Versuche

Messaufbau

Im Rahmen von klinischen Versuchen wurden ein oder mehrere Doppler-Radarsensoren in den Patientenport eines PET/CT-Scanners angebracht. Der Abstand zum Patienten betrug dabei etwa 30 cm und sollte den möglichen Einbau der Sensoren hinter die Verkleidung des Patientenports simulieren. Der Vorteil dieses Messaufbaus lag in der einfachen und schnellen Installation und der geringen Hinderung des Klinikpersonals während der Patientenbetreuung. Mit der relativ hohen Fokussierung des Radarstrahls konnten dabei lokale Bereiche der Körperoberfläche gut unterschieden werden, sodass ein Vergleich der Bewegung der verschiedenen Bereiche während der Atmung möglich war.

Bei einer Verschiebung der Bettposition würde sich in dem realisierten Aufbau der Fokusbereich des Sensors ebenfalls verschieben, sodass ein Respirationssignal für denselben Fokusbereich während einer PET-Messung mit mehreren Bettpositionen nicht möglich wäre. Eine Messung mit mehreren Sensoren bietet die Möglichkeit der simultanen Messung von verschiedenen Fokusbereichen. Bei einer ausreichend großen Anzahl an Sensoren könnte bei Verschiebung der Bettposition ein Atemsignal einer Fokusregion, mit Hilfe der Information über den Patientenbettvorschub, verfolgt werden. Aufgrund der Konstruktion des Patiententisches war die Anbringung des Sensors unterhalb des Patiententisches zur Detektion desselben Fokusbereiches bei verschiedenen Bettpositionen nicht möglich.

Im Rahmen der klinischen Versuche für diese Arbeit, wurden Respirationsmessungen während PET-Messungen mit lediglich einer Bettposition durchgeführt.

Vergleich mit weiteren Messmethoden

Für den Vergleich mit externen Methoden zur Respirationsmessung, wie dem Anzai- und Kinect-System, hat die exakte Positionierung der zu vergleichenden Systeme auf denselben Fokusbereich einen großen Einfluss auf die Korrelation beider Signale. Während der simultanen Messung mit drei Doppler-Radarsensoren konnte zwischen den Fokusbereichen teilweise hohe Phasenunterschiede von bis zu 480 ms und lediglich mittlere Korrelationen festgestellt werden. Literaturwerte zeigen hier ebenfalls höhere Phasenunterschiede für verschiedene Fokusbereiche [10].

Der mögliche Phasenunterschied der Signale in Abhängigkeit von der Positionierung muss bei dem Vergleich der unterschiedlichen Methoden beachtet werden.

Der Vergleich mit den externen Methoden zur Respirationsmessung zeigte sehr hohe Korrelationen zu den Signalen des etablierten Anzai-System und dem kamerabasierten Kinect-System. Für den Vergleich mit dem Kinect-System sind die absolut gemessenen Auslenkungen der Körperoberfläche ebenfalls gut vergleichbar. Das Doppler-Radar-Verfahren empfiehlt sich damit als eine valide Möglichkeit externe Respirationssignale messen zu können. Im Vergleich zum Anzai-System, wird der Doppler-Radarsensor zudem nicht durch maximal oder minimal detektierbare, respiratorische Niveaus limitiert.

Für den Vergleich mit dem daten-getriebenen Verfahren werden mittlere Korrelationen und teilweise höhere Phasenunterschiede gemessen. Bei dem Vergleich der Baselines von Kinect, DDG und Doppler-Radar Methode messen die externen Methoden stärkere Baseline Drifts. Das daten-getriebene Gating detektiert die Atembewegung hier in S-I-Richtung und ist nicht sensitiv für eine langsame Bewegung in A-P-Richtung, die nicht mit der Atmung korreliert. Das kann eine Erklärung für die geringeren Korrelationen darstellen. Kesner et al. [49] stellten in diesem Zusammenhang ein alternatives Maß zur Berechnung der Korrelation von intrinsischen Signalen mit externen Signalen vor, welches die Ableitung beider Signale vergleicht und damit einen Baseline Drift des Signals nicht berücksichtigt. Dennoch ist der gemessene Drift in A-P-Richtung auf eine reale Bewegung des Patienten während der PET-Messung zurückzuführen. Es ist hier zu hinterfragen, ob die Eliminierung dieser Bewegung hilfreich für den Vergleich von Messmethoden für das respiratorische Gating ist.

Die Extraktion eines Signals für die kardiovaskuläre Aktivität war bei einigen Patienten möglich, während dies bei weiteren Patienten nur in den Phasen der Exspiration gelungen ist. Im Allgemeinen bietet der entwickelte Doppler-Radarsensor die Möglichkeit kleine Auslenkungen dieser Größenordnung zu detektieren. Die individuellen Unterschiede der Hautvibration durch die kardiovaskuläre Aktivität stellen für diese Monitoring-Methode den limitierenden Faktor dar. Die Respirationsmessung an einer Maus konnte die Erkenntnisse in Hinblick auf die Detektierbarkeit von kleinsten Auslenkungen bestätigen und eröffnet zudem Möglichkeiten für das kontaktlose Monitoring von Kleintieren.

Anders als bei der Kinect- und DDG-Methode, besteht für das Doppler-Radar Verfahren die Möglichkeit einer Echtzeit-Beobachtung des Respirationssignals, während der Patient in dem medizinischen Scanner liegt. Ein entsprechendes Programm wurde dafür in der Programmierumgebung LabVIEW geschrieben.

8. Zusammenfassung und Ausblick

Ziel der Arbeit war es einen Doppler-Radarsensor für das respiratorische Gating zu entwickeln. Die Arbeit beinhaltete die Auswahl eines Radarmoduls mit einer angemessenen Sendefrequenz sowie Aufbau der Sensor-Hardware. Es wurden eine vollautomatisierte, digitale Signalverarbeitung für das Echtzeit-Monitoring und die retrospektive Generierung eines Respirationssignals entworfen. Der Prototyp wurde, anhand der aufgestellten Anforderungsspezifikationen, mit Hilfe von Simulationen und Probandenmessungen, validiert und konnte dabei die Detektierbarkeit kleinster Auslenkungen im Submillimeterbereich nachweisen.

Im Rahmen von klinischen Versuchen an Patienten und Probanden konnte der entwickelte Sensor eine hohe Korrelation zu der klinisch etablierten Methode sowie weiterer Methoden, die im momentanen Fokus der Forschung stehen, nachweisen. Damit bietet der entwickelte Doppler-Radarsensor eine vielversprechende Alternative für die Respirationsmessung in der Positronen-Emissions-Tomographie. Zudem bietet der Doppler-Radarsensor den Vorteil der kontaktlosen Messung ohne notwendige Präparation des Patienten durch das Klinikpersonal und der Möglichkeit der Durchdringung von Textilien sowie der Möglichkeit des Einbaus hinter Kunststoffverkleidungen.

Die Messung mit mehreren Doppler-Radarsensoren ermöglicht die simultane Betrachtung mehrerer Körperregionen. In Zukunft werden mehr Patientendaten benötigt, um Aussagen über die Korrelationen dieser externen Methode zu der intrinsischen Bewegung einer Läsion treffen zu können.

In Hinblick auf einen späteren Einbau der Sensoren in einen medizinischen Scanner muss beachtet werden, dass die Möglichkeit der Respirationsmessung für alle Bettpositionen gegeben sein muss. Für einen Sensor, welcher in dem PET-Ring angebracht ist, würde sich der Fokusbereich mit jeder neuen Bettposition verschieben, sodass ein Respirationssignal für eine Körperregion nicht gemessen werden kann. Vor diesem Hintergrund könnte die Möglichkeit der Messung mit mehreren Sensoren zur Verfolgung einer Körperregion überprüft werden. Die Integrierung des Sensors in den Patiententisch kommt diesem Problem zuvor und sollte in Zukunft ebenfalls Gegenstand weiterer Messungen werden. Eine Reduzierung der Sendefrequenz zur tieferen Eindringung der EM-Strahlung in den Körper könnte ein Detektion von intrinsischen Bewegungen ermöglichen.

Zur Lokalisierung eines speziellen Organs wären jedoch eine erheblich aufwendige-re Signalverarbeitung und die Abkehr von dem Continuous-Wave-Verfahren mit einer einzigen Sendefrequenz nötig.

Anhang

A.1 Hardware des Doppler-Radarsensors

A.1.1 Datenblatt des IPS-265 Radar Transceivers

Tabelle A.1.1: Datenblatt des IPS-265 Radar Transceivers, InnoSent GmbH [36]

Parameter	Minimum	Typisch	Maximum	Einheit
Sendefrequenz	24		24,25	GHz
Ausgangsleistung (dB)		16		dBm
Ausgangsleistung (mW)		40		mW
Horizontale Strahlausbreitung α_H bei -3dB		80		°
Vertikale Strahlausbreitung α_v bei -3dB		32		°
Versorgungsspannung	4,75	5	5,25	V
Versorgungsstrom		30	40	mA

A.1.2 Antennendiagramm des IPS-265 Radar Transceivers

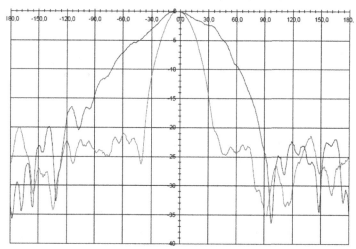

Abbildung A.1.2: Antennendiagramm des IPS-265 Radar Transceivers. Sendeleistung ist über den Abstrahlwinkel im Winkelbereich von -180° bis 180° dargestellt. X-Achse= Winkel, Y-Achse= Abschwächung der Ausgangsleistung in Relation zur Hauptstrahlrichtung in dB. Rot (Hellgrau)= Vertikale Richtung, Blau (Dunkelgrau)= Horizontale Richtung[50]

A.1.3 Auslegung des Radoms

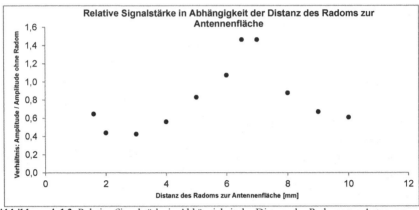

Abbildung A.1.3: Relative Signalstärke in Abhängigkeit der Distanz des Radoms zur Antennenfläche

A.1.4 Datenaufnahme des Doppler-Radarsensors

Tab. A.1.4: Spezifikationen des Datenerfassungsmoduls NI USB 6361
Datenerfassungsmodul NI USB 6361

National Instruments

Aufgaben	PIN Konfiguration
Bereitstellung der Versorgungsspannung für das	Digitalausgang: +5V
Radar Modul IPS-265	Analogausgang: Masse
Bereitstellung der Versorgungsspannung	Digitalausgang: +5V
für die Verstärkerschaltungen	Analogausgang: -5V, Masse
Aufnahme der analogen Ausgangssignale	Analogeingang: 1
(I-,Q-Kanal) – Sensor 1	Analogeingang: 2
Aufnahme der analogen Ausgangssignale	Analogeingang: 3
(I-,Q-Kanal) – Sensor 2	Analogeingang: 4
Aufnahme der analogen Ausgangssignale	Analogeingang: 5
(I-,Q-Kanal) – Sensor 3	Analogeingang: 6

A.2 Signalverarbeitung

A.2.1 Rohsignale am Signalausgang des IPS-265 Radar Moduls

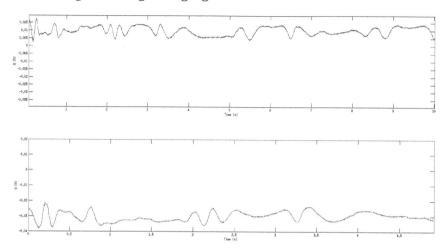

Abbildung A.2.1: Rohsignale des Radarmoduls IPS-265 (ohne Verstärkung). Positive und negative DC Offsets liegen an beiden Kanälen an. Die Offsets besitzen einen größeren Betrag als die Amplitude des Basissignals

A.2.2 LabVIEW Programm für die Datenaufnahme und Echtzeit Signalverarbeitung

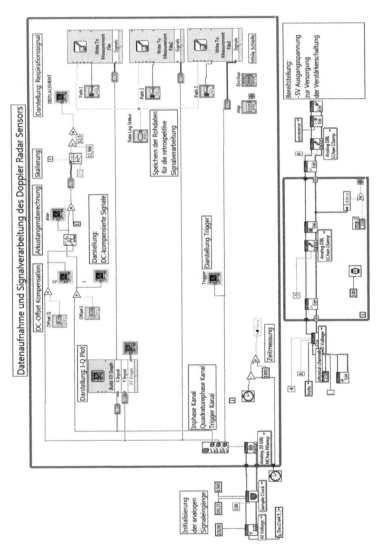

Abbildung A.2.2: LabVIEW Programm zur Datenaufnahme und Echtzeit Signalverarbeitung des Doppler-Radarsensors

A.2.3 Benutzeroberfläche des LabVIEW Programms

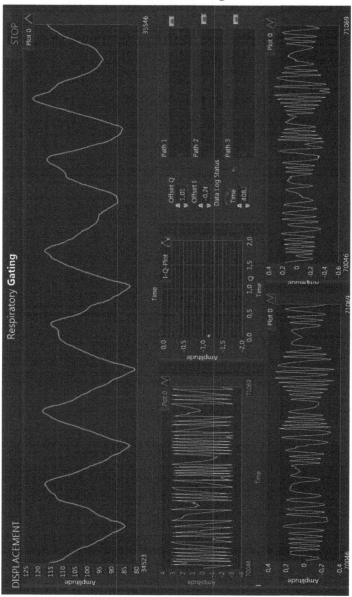

Abbildung A.2.3: Benutzeroberfläche des LabVIEW Programms zur Datenaufnahme und Echtzeit Monitoring des Respirationssignals. Oben= Verarbeitetes Respirationssignal. Mitte

Links = Arkustangensfunktion, Mitte = I-Q Ebene der Rohsignale, Mitte Rechts = Pfad zur Datenspeicherung, Unten Links= I-Kanal, Unten Rechts = Q-Kanal

A.2.4 MATLAB Code zur retrospektiven Signalverarbeitung des Doppler-Radarsensors

```matlab
function [ time  , displacement] = NL_Demodulation( channel_i, channel_q, samplingrate )
% Non-linear Demodulation
% Calculation of displacement with Inphase - and Quadraturephaseinformation

% Get data from Inphase Channel and Quadrature Channel
raw_i = channel_i;
raw_q = channel_q;

% Optional Bandpass Filter for Filtering Raw signals (optional)
% raw_i = simple_bandpass_MH(raw_i, 100, 0.1,45);
% raw_q = simple_bandpass_MH(raw_q, 100, 0.1,45);

% Smooth data for elimination of noise
raw_i = smooth(raw_i, 5);
raw_q = smooth(raw_q,5);

% Generate time vector
len = length(raw_i);
time = 0: 1/samplingrate: (len-1)/samplingrate;

% DC Compensation
circle(:,1) = raw_i;          % Generate Circle by plotting I vs. Q
circle(:,2) = raw_q;

Par = Taubin_fit(circle);     % First estimation - center of circle by Taubin Fit
Par= LM(circle,Par );         % Second estimation - center of circle
Par                           %   by Levenberg-Marquardt algorithm
                              % Par = coordinates of circle center =
                              % DC-offsets

% Subtraction of DC-offsets
ac_i = raw_i -Par(1) ;
ac_q = raw_q - Par(2);

% Calculation of arctangent (I/Q)
demodu = atan2(ac_i,ac_q);

% Unwrapping of arctangent function
displ= unwrap(demodu,1.3);

% Scaling: phi to mm
displacement = displ /pi/4 *12.5;

% Normalization (optional)
displacement =(displacement - mean(displacement))/ std(displacement);

end
```

Abbildung A.2.4: MATLAB Code zur Signalverarbeitung des Doppler-Radarsensors

A.3 Validierung

A.3.1 Messabweichung in Abhängigkeit von dem Ausstrahlwinkel

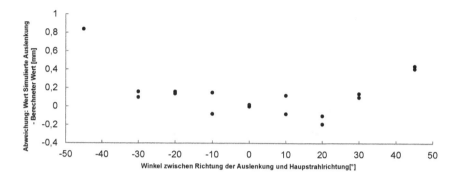

Abbildung A.3.1: Messabweichung in Abhängigkeit des Ausstrahlwinkels

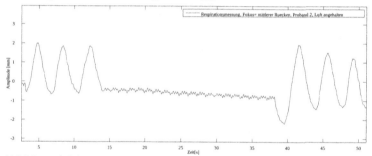

Abbildung A.3.2: Respirationsmessung – Proband 2. Fokusbereich= Mittlerer Rücken. Natürliche Atmung und Luft angehalten

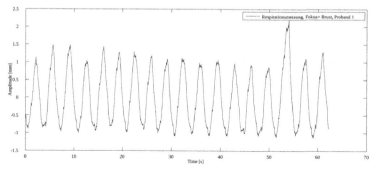

Abbildung A.3.3: Respirationsmessung – Proband 1. Fokusbereich= Brust. Natürliche Atmung

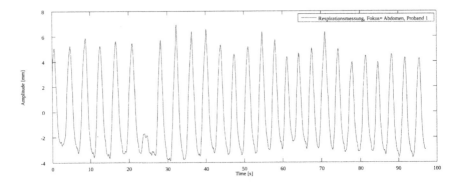

Abbildung A.3.4: Respirationsmessung – Proband 1. Fokusbereich= Abdomen. Natürliche Atmung

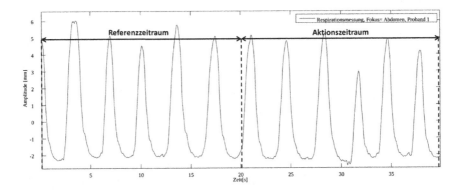

Abbildung A.3.5: Einfluss von Bewegungen im Umfeld der Messung. Fokusbereich= Abdomen. Referenzzeitraum= Keine externe Bewegung, Aktionszeitraum= Externe Person bewegt sich in der Nähe des Kopfes des Probanden

A.4 Ergebnisse

A.4.1 Vergleich mit dem Kinect-System

Tabelle A.4.1: Vergleich mit dem Kinect-System. Negativer Phasenunterschied -> Radarsignal eilt nach, Positiver Phasenunterschied -> Radarsignal eilt voraus

Patient/ Proband	Fokusbereich	Pearson Korrelations- koeffizient	Phasenunter- schied [ms]	Aufnahme- zeit [s]
Patient 1	Brust	0,69	-170	480
Patient 2	Abdomen	0,86	-180	480
Proband 2	Brust	0,82	280	60
Proband 2	Abdomen	0,96	90	60
Proband 2	Abdomen	0,97	10	60
Proband 3	Brust	0,80	450	60
Proband 3	Abdomen	0,99	0	60
	Arith. Mittel:	0,87		
	Standardab- weichung	0,10		

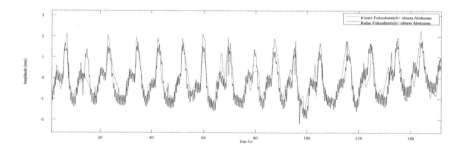

Abbildung A.4.2: Vergleich von Kinect-System und Doppler-Radar-System. Patient 2. Fokusregion= oberes Abdomen

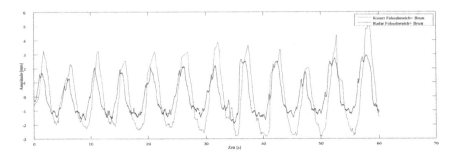

Abbildung A.4.3: Vergleich von Kinect-System und Doppler-Radar-System. Proband 3.Fokusregion= Brust

Tabelle A.4.4: Vergleich mit dem daten-getrieben Gating. Negative Phasenunterschied -> Radarsignal eilt nach, Positive Phasenunterschied -> Radarsignal eilt voraus

Patient/ Proband	Fokusbereich Radar-System	Pearson Korrelation- koeffizient	Phasenunter- schied [ms]	Aufnahmezeit [s]
Patient 1	Brust	0,59	-510	480
Patient 2	Brust	0,53	-980	480
Patient 3	Brust	0,65	-10	480
Patient 4	Brust	0,7	-70	480
Patient 5	Abdomen	0,53	420	480
Patient 6	Abdomen	0,61	-80	300
Patient 6	unt. Abdomen	0,61	60	300
Patient 6	Brust	0,62	20	300
	Arith. Mittel	0,61		
	Standardabwei- chung	0,05		

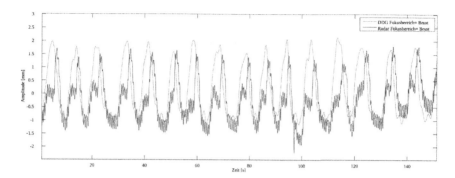

Abbildung A.4.5: Vergleich von daten-getriebenem Gating und Doppler-Radar-System. Patient 2 Fokusregion= Brust

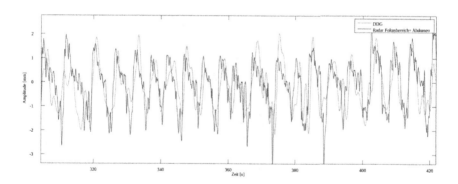

Abbildung A.4.6: Vergleich von daten-getriebenem Gating und Doppler-Radar-System. Patient 3. Fokusregion= Brust

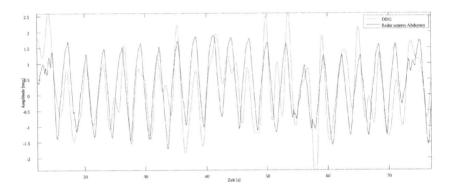

Abbildung A.4.7: Vergleich von daten-getriebenem Gating und Doppler-Radar-System. Patient 6 Fokusregion = unteres Abdomen

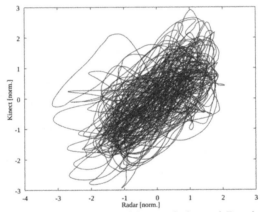

Abbildung A.4.8: Vergleich von daten-getriebenem Gating und Doppler-Radar-System. Proband 3. Fokusregion= Brust

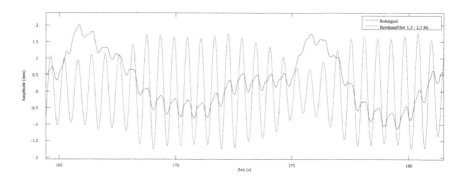

Abbildung A.4.9: Doppler-Radar-Signal mit und ohne Bandpassfilterung, untere Grenzfrequenz= 1,3 Hz, obere Grenzfrequenz= 2,3 Hz, Patient 2

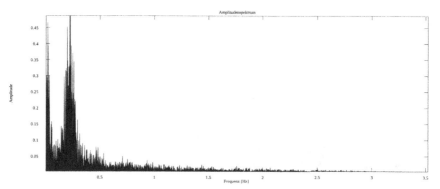

Abbildung A.4.10: Amplitudenspektrum des Doppler-Radar-Signals. Patient 6

Tabelle A.4.11: Vergleich von Doppler-Radar-Signalen unterschiedlicher Fokusbereiche. Negativer Phasenunterschied ->Signal mit Fokusbereich 1 eilt nach, Positiver Phasenunterschied -> Signal mit Fokusbereich 2 eilt voraus

Patient / Proband	Fokusbereich 1	Fokusbereich 2	Pearson Korrelation	Phasenunterschied
Pat 7	oberes Abdomen	unteres Abdomen	0,86	-50
Pat 7	Brust	oberes Abdomen	0,45	-370
Proband 2	oberes Abdomen	unteres Abdomen	0,99	50
Proband 2	Brust	oberes Abdomen	0,93	200

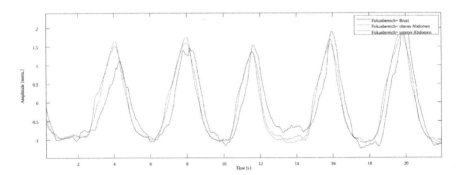

Abbildung A.4.12: Respirationsmessung mit drei Doppler-Radarsensoren. Proband 1

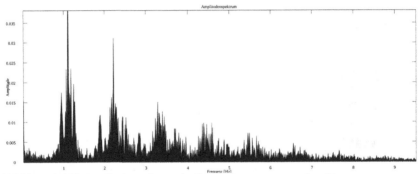

Abbildung A.4.13: Amplitudenspektrum der Respirationsmessung an einer Maus

Literaturverzeichnis

[1] G. de Hevesy. *The absorption of leads by plants*. Biochem.J, 17: 439, 1923

[2] M. E. Phelps. *Positron emission tomography provides molecular imaging of biological processes*. Proceedings of the National Academy of Sciences, 97(16):9226–9233, 2000

[3] M. Mix. *Ansätze zur Optimierung der Datenverabeitung in der Positronen Emissions Tomographie*. 2002

[4] M. Dawood et al. *Lung motion correction on respiratory gated 3-D PET/CT images*. IEEE Trans Med Imaging, 25(4):476–485, 2006

[5] Y. Erdi. *The CT Motion Quantitation of Lung Lesions and Its Impact on PET-Measured SUVs*. J Nucl Med, 45(8) 1287-1292, 2004

[6] Dawood, M. et al. *Respiratory gating in positron emission tomography: A quantitative comparison of different gating schemes*. Med. Phys, 34(7):3067, 2007

[7] Dawood, M. et al. *Optimal number of respiratory gates in positron emission tomography: A cardiac patient study*. Med. Phys, 36(5):1775, 2009

[8] F. Gigengack et al. *Motion correction in dual gated cardiac PET using mass-preserving image registration*. IEEE Trans Med Imaging, 31(3):698–712, 2012

[9] J. Hamill et al. *HD Chest Amplitude-Based Respiratory Gating for PET*. Online verfügbar: http://www.healthcare.siemens.de/
siemens_hwem-hwem_ssxa_websites-contextroot/wcm/idc/groups/public/
@global/@imaging/@molecular/documents/download/mdaw/ndax/~edisp/wp_01_hd.chest-00302002.pdf,
Zuletzt geprüft am: 28.07.2014

[10] D. Ionascu et al. *Internal-external correlation investigations of respiratory induced motion of lung tumors*. Medical physics, 34(10):3893–3903, 2007

[11] E. Brandner et al. *Abdominal organ motion measured using 4D CT*. International Journal of Radiation Oncology*Biology*Physics, 65(2):554–560, 2006

[12] ANZAI Medical, *Respiratory Gating System AZ-733V*. Online verfügbar: http://www.anzai-med.co.jp/en/product/item/az733v/index.html,
Zuletzt geprüft am: 28.07.2014

[13] Varian Medical Systems, *Clinac | RPM respiratory gating.*
      Online verfügbar:http://www.varian.com/eude/oncology/radiation_oncolog
      y/clinac/rpm_respiratory_gating.html,
      Zuletzt geprüft am: 28.07.2014

[14] E. Yorke et al. *Inter-fractional anatomic variation in patients treated with respiration-gated radiotherapy.* J Appl Clin Med Phy, 6(2), 2005

[15] P. Noonan et al. *Accurate markerless respiratory tracking for gated whole body PET using the Microsoft Kinect.* IEEE Nuclear Sience Symposium and Medical Imaging Conference, 2012

[16] F. Büther et. al. *Detection of respiratory tumour motion using intrinsic list mode-driven gating in positron emission tomography.* Eur. J. Nucl. Med. Mol. Imaging, 37(12):2315–2327, 2010

[17] D. J. Daniels. *EM detection of concealed targets.* Wiley, 2010

[18] S. Sankaralingam et al. *Determination of Dielectric Constant of Fabric Materials and Their Use as Substrates for Design and Development of Antennas for Wearable Applications.* IEEE Trans. Instrum. Meas, 59(12):3122–3130, 2010

[19] RF Cafe, *Dielectric Constant, Strength, & Loss Tangent.* Online verfügbar: fhttp://www.rfcafe.com/references/electrical/dielectric-constants-strengths.htm,

      Zuletzt geprüft am: 28.07.2014

[20] D. Andreuccetti et al. *An Internet resource for the calculation of the dielectric properties of body tissues in the frequency range 10 Hz - 100 GHz.* Online verfügbar: http://niremf.ifac.cnr.it/tissprop/, Zuletzt geprüft am: 28.07.14

[21] W. Weidmann. *Radarsensorik - schwarze Magie oder faszinierende Technik?,*

      Röll, 2011

[22] C. Gabriel et al. *The dielectric properties of biological tissues: I. Literature survey.* Phys. Med. Biol, 41(11):2231–2249, 1996

[23] A. Droitcour et al. *Non-contact measurement of heart and respiration rates with a single-chip microwave doppler radar.* Diss. Stanford University, 2006

[24] F. Pfanner et al. *Monitoring respiratory motion using continuous wave Doppler radar in a near field multi antenna approach.* IEEE Nuclear Sience Symposium and Medical Imaging Conference, 2012

[25] A. DeGroote et al. *Chest wall motion during tidal breathing.* J Appl Physiol, 83:1531–1537, 1997

[26] T. Kondo et al. *Laser monitoring of chest wall displacement,* European Respiratory Journal. 10(8):1865–1869, 1997

[27] G. Ramachandran et al. *Three-dimensional reconstruction from radiographs and electron micrographs.* Med. & Bio. Eng. & Comput, 27:525–530, 1989

[28] J. Lin and J. Salinger. *Microwave Measurement of Respiration.* Microwave Symposium, 285–287, 1975

[29] O. Boric-Lubecke et al. *10 GHz Doppler radar sensing of respiration and heart movement.* Bioengineering Conference, Proceedings of the IEEE 28th Anual Northeast, 2002

[30] Patent: DE200720019105. *Detektion von elektrischen und mechanischen kardiovaskulären Aktivitäten,* Phillips Interlectual Properties & Standards GmBH, 2013

[31] G. Li et al. *Random Body Movement Cancellation in Doppler Radar Vital Sign Detection,* IEEE Trans. Microwave Theory Techn, 56(12):3143–3152, 2008

[32] A. Singh and V. M. Lubecke. *Respiratory Monitoring and Clutter Rejection Using a CW Doppler Radar With Passive RF Tags.* IEEE Sensors J, 12(3):558–565, 2012

[33] A. Henning et al. *Microwave Doppler Radar for Cardiac and Respiratory Activity Measurement – Preliminary Results.* Biomedical Engineering / Biomedizinische Technik, 58(1), 2013

[34] F. Thiel et al. *Ultra-Wideband Sensors for Improved Magnetic Resonance Imaging, Cardiovascular Monitoring and Tumour Diagnostics.* Sensors, 10(12):10778–10802, 2010

[35] P. Bevelacqua, *Microstrip Antennas: The Patch Antenna.* Online verfügbar: http://www.antenna-theory.com/antennas/patches/antenna.php#introduction, Zuletzt geprüft am: 01.08.2014

[36] InnoSent GmbH, *IPS-265 Datenblatt.* Online verfügbar: http://www.innosent.de/industrie/green-line/ips-265/, Zuletzt geprüft am: 01.08.2014

[37] Bundesnetzagentur, *Funkanwendungen auf den ISM-Bändern.* Online verfügbar: emf3.bundesnetzagentur.de/pdf/ISM-BNetzA.pdf, Zuletzt geprüft am: 01.08.2014

[38] G. Mechelke *Einführung in die Analog- und Digitaltechnik,* 4. Edition, Köln, Stam, 1995

[39] National Instruments, *NI USB-6361*. Online verfügbar: http://sine.ni.com/nips/cds/view/p/lang/de/nid/209073, Zuletzt geprüft am: 04.08.2014

[40] National Instruments, *NI LabVIEW - Systemdesignsoftware*. Online verfügbar: http://www.ni.com/labview/d/, Zuletzt geprüft am: 04.08.2014

[41] D. Morgan et al. *Novel signal processing techniques for Doppler radar cardiopulmonary sensing*. Signal Processing, 89(1):45–66, 2009

[42] B. Park et al. *Arctangent Demodulation With DC Offset Compensation in Quadrature Doppler Radar Receiver Systems*. IEEE Trans. Microwave Theory Techn, 55(5)1073–1079, 2007

[43] B. Park et al. *Quadrature Demodulation with DC Cancellation for a Doppler Radar Motion Detector*. Online verfügbar: http://www. ee. eng. hawaii. edu/~ madsen/Anders_Host-Madsen/Publications_2. html, 2007, Zuletzt geprüft am: 04.08.2014

[44] M. Zakrzewski et al. *Comparison of Center Estimation Algorithms for Heart and Respiration Monitoring With Microwave Doppler Radar*. IEEE Sensors J, 12(3):627–634, 2012

[45] N. Chernov, *Fitting circles*. Online verfügbar: http://people.cas.uab.edu/~mosya/cl/index.html, Zuletzt geprüft am: 04.08.2014

[46] OWIS GmbH, *Lineartische // Manuelle Positioniersysteme*. Online verfügbar: http://www.owis.eu/produkte/manuelle-positioniersysteme/produktgruppe/ lineartische/productview/Main/, Zuletzt geprüft am: 09.08.2014

[47] S . Baker. *Medizinische unternehmenswichtige Funknetzwerke*. Online verfügbar: http://intl.welchallyn.com/documents/regions/Germany_Brochures/Medizi nische_unternehmenswichtige_Funknetzwerke.pdf, Zuletzt geprüft am: 09.08.2014

[48] Süddeutsche.de, *Zehn Dinge über ... – Wasser*. Online verfügbar: http://www.sueddeutsche.de/wissen/zehn-dinge-ueber-wasser-1.527969-4, Zuletzt geprüft am: 02.09.2014

[49] A. Kesner et al. *Respiratory Gated PET Derived in a Fully Automated Manner From Raw PET Data*. IEEE Trans. Nucl. Sci, 56(3):677–686, 2009

[50] InnoSent GmbH. *InnoSent-Lowcost-Model-1*. Online verfügbar: http://www.ptm-co.jp/01_manufacture/InnoSenT-Lowcost-model.pdf, Zuletzt geprüft: 04.09.14

Abkürzungsverzeichnis

ABS	Acrynitril-Butadien-Styrol
CMOS	Complementary metal-oxide-semiconductor
CT	Computertomographie
CW	Continuous-Wave
DC	Direct-Current
DDG	Data-driven Gating
EM	Elektromagnetisch
FDG	Flourdesoxyglucose
ISM	Industrial Scientific Medical
keV	Kiloelektronenvolt
LOR	Line-of-response
MRT	Magnetresonaztomographie
PET	Positronen-Emissions-Tomographie
RADAR	Radio Detection And Ranging
RPM	Realtime Positioning System
SNR	Signal-to-noise-ratio
UWB	Ultra-Wideband

Abbildungs- und Tabellenverzeichnis

Danksagung

Mein Dank gilt all denen, die mir im Zuge der Entstehung dieser Arbeit zur Seite gestanden haben.

Zunächst möchte ich mich bei Herrn Prof. Uvo M. Hölscher für die Betreuung dieser Arbeit bedanken.

Herrn Prof. Klaus Schäfers gilt mein besonderer Dank für die stetige Unterstützung und die vielen Anregungen während dieser Arbeit.

Mein Dank gilt meinen Kollegen am European Institute for Molecular Imaging für die kontinuierliche Hilfestellung und die freundliche und warme Atmosphäre während meiner Zeit hier am EIMI.

Einen besonderen Dank möchte ich hierbei Florian Büther, Mirco Heß, Björn Czekalla und Niclas Kremer aussprechen, die mir in jeder Fragestellung hilfreich zur Seite standen.

Zum Schluss möchte ich mich bei meiner Familie, meinen Freunden und meiner Freundin für die große Unterstützung und Geduld während der gesamten Zeit meines Studiums bedanken.

Ihnen widme ich diese Arbeit.

Printed in the United States
By Bookmasters